Arzygul Yuldashevna KIDIRBAEVA

ECOLOGIA DO LOBO (CANIS LUPUS LINNAEUS) NA REGIÃO DO MAR DE ARAL MERIDIONAL

Arzygul Yuldashevna KIDIRBAEVA

ECOLOGIA DO LOBO (CANIS LUPUS LINNAEUS) NA REGIÃO DO MAR DE ARAL MERIDIONAL

ScienciaScripts

Imprint
Any brand names and product names mentioned in this book are subject to trademark, brand or patent protection and are trademarks or registered trademarks of their respective holders. The use of brand names, product names, common names, trade names, product descriptions etc. even without a particular marking in this work is in no way to be construed to mean that such names may be regarded as unrestricted in respect of trademark and brand protection legislation and could thus be used by anyone.

Cover image: www.ingimage.com

This book is a translation from the original published under ISBN 978-620-7-45769-4.

Publisher:
Sciencia Scripts
is a trademark of
Dodo Books Indian Ocean Ltd. and OmniScriptum S.R.L publishing group

120 High Road, East Finchley, London, N2 9ED, United Kingdom
Str. Armeneasca 28/1, office 1, Chisinau MD-2012, Republic of Moldova, Europe
Managing Directors: Ieva Konstantinova, Victoria Ursu
info@omniscriptum.com

Printed at: see last page
ISBN: 978-620-3-48951-4

Conteúdo

Com base em muitos anos de investigação, o livro considera as caraterísticas ecológicas e a distribuição espacial e territorial, a dinâmica populacional, a estrutura sexual e etária, os valores ecológicos e económicos da população de lobos nos ecossistemas do Priaralie Meridional. A monografia destina-se a estudantes de biologia e ecologia, especialistas em caça, funcionários de áreas naturais especialmente protegidas e a um vasto leque de leitores interessados na vida selvagem.

K.M. Atanazarov - Candidato a Ciências Biológicas, Professor Associado da secção de Nukus do Instituto de Medicina Veterinária de Samarkand.

A.I. Kurbanova - Candidata a Ciências Biológicas, Professora Associada na Universidade Estatal de Berdakh Karakalpak.

INTRODUÇÃO

O aumento da população e o desenvolvimento de terras virgens conduziram a uma redução dos recursos naturais, incluindo uma diminuição da diversidade dos recursos da vida selvagem e o desaparecimento de populações. Especialmente no contexto da urbanização, o aumento da pressão da caça causou a redução dos habitats naturais e alterações negativas na estrutura da variedade de animais predadores. A este respeito, a determinação do papel dos animais predadores na biocenose e a gestão das suas populações naturais são de grande importância científica e prática. No mundo, em certas zonas urbanizadas, é dada especial atenção aos estudos das caraterísticas individuais das populações de animais predadores, à avaliação da sua estrutura ecológica e da sua área de distribuição, bem como à fundamentação das caraterísticas ecológicas dos seus agrupamentos territoriais.

Particularmente em áreas onde o impacto antropogénico e as alterações climáticas são fortemente pronunciados, a elucidação das alterações nas populações de predadores em intervalos estreitos torna possível explicar os mecanismos ecológicos das relações predador-presa e utilizá-los racionalmente na prática.

A região do Priaralie do Sul não é apenas um dos centros de biodiversidade animal na Ásia Central, mas também uma das regiões-chave ricas em populações naturais de mamíferos predadores com uma estrutura de distribuição estreita, incluindo o lobo *(Canis lupus* Linnaeus). A determinação da área de distribuição e da estrutura ecológica da população de lobos em todas as zonas naturais do Priaralie Meridional, a elucidação da dinâmica do número de lobos sob a influência de factores externos, bem como o desenvolvimento de métodos eficazes de regulação adquirem uma importância científica e prática real.

Atualmente, na República, é dada especial atenção à proteção da fauna e à utilização racional dos recursos. Com base nas actividades do programa realizadas neste sentido, foram alcançados alguns resultados, nomeadamente no domínio da preservação da biodiversidade da região de Aral, da proteção dos recursos das espécies cinegéticas de animais selvagens e do aumento do seu número. [1]A estratégia de ação para o desenvolvimento futuro da República do Usbequistão definiu as tarefas para ".... aquecimento global e atenuação das consequências da tragédia do Mar de Aral". Com base nestas tarefas, em particular, a determinação da área de habitat do lobo nas condições do Priaralie Meridional, a identificação das peculiaridades da ecologia alimentar, a revelação da estrutura etária e sexual da população e, nesta base, a elaboração de recomendações sobre a gestão e regulamentação da população de lobos adquirem grande importância científica e prática.

Na República do Uzbequistão, os estudos sobre a ecologia do lobo, a sua distribuição nos ecossistemas e a sua importância económica foram apresentados nos trabalhos de Palvanizov M. (1974, 1990), Nuratdinov T. (1969), Reimov R. (2000, 2003). Mas os dados acima referidos não podem fornecer informações completas sobre a ecologia do

---

[1] Decreto do Presidente da República do Usbequistão n.º UP-4947, de 7 de fevereiro de 2017, "Sobre a estratégia de acções para o desenvolvimento futuro da República do Usbequistão".

lobo (*Canis lupus* Linnaeus) nas condições do Priaralie meridional. Por conseguinte, a justificação do estudo da ecologia do lobo, a contagem da população e a monitorização nas condições do Priaralie meridional são de importância teórica e prática.

No decurso do estudo, foram determinadas pela primeira vez as caraterísticas ecológicas e a distribuição espácio-territorial do lobo nas condições do Priaralie meridional, foram estabelecidas a dinâmica populacional e a estrutura sexo-idade, e foi revelada a importância ecológica e económica do lobo nos ecossistemas do Priaralie. Foi efectuada a contabilização da abundância do lobo nas áreas indígenas e foram desenvolvidos princípios ecológicos e geográficos diferenciados para a regulação do seu número.

CAPÍTULO I

O estudo da **ecologia dos** mamíferos predadores em diferentes regiões do mundo é de grande importância científica **e** prática. Nos últimos anos, a questão do papel e da importância dos predadores na natureza provocou discussões activas, onde o papel deste ou daquele predador foi interpretado a partir de posições subjectivas, sem envolver material científico real [18; p.123-193, 75; p.8-50, 8; p.605, 141; p.7-95]. O estilo de vida predatório dos vertebrados superiores implica, a priori, um modo de vida ativo, um papel biocenótico influente, um impacto direto e intensivo sobre os outros membros da comunidade e um elevado nível de riscos ecológicos e sociais. O estudo dos aspectos ecológicos e etológicos da predação é de importância fundamental para a resolução de muitas questões da moderna ecologia populacional teórica e aplicada.

Em ecologia populacional, o estudo da predação de espécies específicas (em particular o lobo) é necessário para compreender os factores e mecanismos da dinâmica espacial e demográfica das populações e as relações funcionais nas comunidades e ecossistemas. Este conhecimento é essencial para o desenvolvimento de medidas de conservação animal, gestão de populações e recuperação de espécies ameaçadas e de baixa abundância de mamíferos predadores.

Foram efectuadas muitas investigações sobre o estudo da ecologia do lobo. Assim, na parte europeia da Rússia e territórios vizinhos, as publicações dedicadas à ecologia do lobo foram publicadas por Smirnov V.S. (1985), Korytin S.A. (1976), Zyryanov V.A. (1995), Lineitsev S.N. (1983), Bibikov D.I. et al, (1985), Bondarev A.Y. (2002, 2012), Pavlov M.P. (1990), Fedosenko A.K. (1986), Badridze Y.K. (2004), Suvorov A.P. (2009) e outros.

As observações originais sobre a ecologia dos lobos das estepes florestais no sul do Krai de Krasnoyarsk e da Khakassia constam dos trabalhos de Kozlov V.V. (1966), os materiais sobre a ecologia dos lobos da taiga da montanha Sayan constam dos trabalhos de Zavatsky B.P. (1986,1987), Smirnov M.N. (1984), os lobos siberianos constam dos trabalhos de Suvorov A.P. (2004). Os dados gerais sobre a ecologia, a distribuição e a abundância de lobos em Krasnoyarsk Krai (Rússia) constam dos trabalhos de Bondarev A.Ya. - (1983, 2002, 2012), Tsyndyzhapova S. V. (2000, 2003) para a região de Irkutsk da Federação da Rússia.

Em 1985, sob a direção do Prof. D.I. Bibikov, foi publicada a monografia "O Lobo", que contém os resultados de estudos fundamentais sobre as populações de lobo efectuados por muitos cientistas da Rússia, das Repúblicas Bálticas, da Transcaucásia e da Ásia Central. A história da origem do lobo é descrita, a sistemática, o habitat, a morfologia, o comportamento, a nutrição, a reprodução e a estrutura da população, os números e as peculiaridades do modo de vida em diferentes regiões da CEI e territórios adjacentes são apresentados.

Os estudos científicos de Bondarev A.Ya. (2002, 2012) abrangem vários aspectos da existência do lobo, incluindo as questões da dinâmica populacional e das mudanças de área, a estrutura de grupo da população, as peculiaridades da caça e o comportamento social das relações com as vítimas (ungulados). Descreve também a complexa relação dos lobos com as peculiaridades do desenvolvimento económico das paisagens da região.

Na monografia de Badridze Y.K. (2004) "Wolf. Questões de ontogénese comportamental, problemas e método de reintrodução" descreve os problemas e métodos de preparação para a reintrodução de grandes mamíferos predadores criados em cativeiro, com base no exemplo do lobo. São apresentadas as condições necessárias para manter os animais no processo de ontogénese pós-natal para a formação do comportamento, incluindo a capacidade de raciocínio, dentro dos limites da norma caraterística da espécie.

Fedosenko A.K., no seu livro "Wolves" (1986), deu informações sobre encontros com lobos no território do Cazaquistão. O lugar ocupado pelo lobo na nomenclatura zoológica foi descrito, tendo sido apresentados dados sobre registos de populações de lobo. Além disso, foi dada especial atenção às caraterísticas ecológicas do habitat e dos refúgios do lobo, ao estilo de vida diurno, ao comportamento social e gregário e à reprodução da população de lobos no Cazaquistão. Foi registada a importância económica e ecológica do lobo.

Nos seus trabalhos, Tirronen K.F. (2009) apresenta os resultados do estudo das regularidades da dinâmica populacional, da distribuição, da estrutura ecológica e espacial das populações e de algumas particularidades regionais da ecologia dos grandes mamíferos predadores (incluindo o lobo) que habitam a região de Karelian-Murmansk.

Shkvyr M.G. (2008, 2012) centrou-se na avaliação da dinâmica e da estrutura da área de distribuição do lobo e das caraterísticas ecológicas e etológicas da população de lobos na Ucrânia. Analisou a estrutura e a dinâmica actuais da área de distribuição do lobo, as diferenças ecológicas e etológicas dos agrupamentos territoriais de lobos em todas as zonas naturais da Ucrânia. Abordou também o problema multifacetado do conflito entre humanos e predadores, o problema da coexistência de grandes predadores, incluindo o lobo, num habitat transformado.

Os estudos científicos de Tsyndyzhapova S.D. (2000, 2003), efectuados pela primeira vez na região do Baikal, forneceram dados sobre o estudo da ecologia do lobo, determinaram também a situação sistemática do lobo, analisaram a dinâmica populacional, a distribuição espacial e a estrutura da dieta.

A investigação científica de Hernández-Blanco J. A. (2004) centra-se na organização espácio-etológica dos espaços   mínimos

grupos populacionais do lobo *Canis lupus* L. num aspeto comparativo no território das Reservas Naturais de Voronezh e Kaluga Zaseki, bem como no Parque Nacional Oryol Polessye (Rússia). O autor estudou parcelas familiares de grupos populacionais mínimos do lobo (*Canis lupus lupus* L.) com base na natureza e na dinâmica da distribuição espacial dos seus indivíduos durante o ciclo de vida.

A publicação de Ozolnis J. et al. (2009) mostra as alterações na nutrição, na estrutura demográfica e na reprodução do lobo na Letónia associadas à recente introdução de políticas de conservação.

A.M. Kudaktin (2009) registou três picos de flutuação e pulsação da área de distribuição do lobo no Cáucaso russo e caracterizou as alcateias formadas por tipo de alimentação. O autor apresentou um esquema de estratégias de gestão das populações de lobo no Cáucaso.

O trabalho dos cientistas franceses Becker L. et al. (2009) estudou o impacto do lobo nas actividades humanas e mostrou os limites da regulação da população de lobo. No trabalho dos especialistas polacos Hedrzak M. et al. (2009) foi efectuada uma análise paramétrica, qualitativa e quantitativa dos danos causados pelos lobos aos animais de criação no sudeste da Polónia.

Suvorov A. (2004, 2009) destacou os principais aspectos da questão da gestão da população de lobos na Rússia. Foram apresentados dados sobre os danos causados pelos lobos ao gado, bem como os métodos de regulação da população e a estratégia de gestão das populações de lobos. O autor identificou seis populações geográficas de lobo de importância ecológica e de gestão mista em zonas geográficas naturais. O autor constata que os lobos destas populações diferem significativamente no seu estilo de vida e na sua importância ecológica e económica, o que é importante para a monitorização do estado dos recursos de predadores, para uma gestão diferenciada e para a aplicação de verbas específicas com vista a reduzir o número dos predadores mais "nocivos" para os seres humanos.

No seu livro (2011), Boreyko V. E. apresenta argumentos jurídicos, filosóficos, éticos e ecológicos em defesa dos lobos.

A monografia "Campo de Sinais Biológicos" discute os problemas que reflectem o desenvolvimento do conceito de campo de sinais biológicos de Naumov N.P. nos últimos 30 anos [87, p.323]. Dizem respeito à metodologia, métodos de investigação e descrição do campo de sinais biológicos, incluindo métodos quantitativos, bem como mecanismos sensoriais de perceção pelos animais da informação transmitida através dos seus canais.

O livro "Mammals of the Soviet Union" de Geptner V.G. et al. (1967) "Mammals of the Soviet Union" descreve a biologia, a sistemática e a importância económica dos mamíferos predadores terrestres, incluindo o lobo. As obras de S.T. Korytin (1976, 2010, 2011) são dedicadas ao estudo do problema da transmissão e receção de informações no mundo animal, da "linguagem" dos odores, da orientação química e da sinalização dos mamíferos, da utilização destas propriedades dos animais para controlar o seu comportamento e regular o seu número.

A monografia de Tumanov L.L. (2003) "Biological peculiarities of predatory mammals in Russia" apresenta materiais de longo prazo de estudos de campo e experimentais na Rússia. As questões da especialização alimentar e da mudança sazonal dos alimentos, da atividade diária e dos movimentos dos animais, da época do acasalamento e da fecundidade, do desenvolvimento e da velocidade da população jovem de lobos são abordadas em pormenor. É dada especial atenção às adaptações ecológicas, fisiológicas e morfológicas dos sistemas de órgãos, bem como ao estado funcional dos predadores (incluindo o lobo) e das suas populações a partir do nível de infestação por helmintas.

Um sistema filogenético anotado dos mamíferos modernos no volume da fauna mundial é apresentado no livro de I.Y. Pavlinov "Modern Systematics of Mammals" (2003), onde são apresentadas 30 ordens, 147 famílias, cerca de 1180 géneros e um pouco mais de 5000 espécies.

O famoso cientista, especialista no estudo do lobo Pavlov M.P. (1990) no seu livro descreveu a biologia, distribuição e hábitos do lobo, sobre a relação com o homem, que está longe de ser inequívoca. É mostrada a importância do lobo na natureza e na economia nacional. São descritos os métodos de caça comercial e amadora do lobo.

O artigo de Mozgovoy D.P., Vladimirov E.D. (2002) "Signal fields and animal behaviour in signal-information environment" é dedicado aos problemas ecológicos do comportamento dos mamíferos, que se baseia na informação recebida pelos animais através das caraterísticas do habitat. Assim, na sua opinião, os elementos de movimento, as reacções comportamentais da mesma motivação e os parâmetros do campo de sinais, que representa o ambiente de sinal-informação de um animal, podem ter uma expressão numérica e são calculáveis em função das tarefas de investigação. A formalização da atividade dos mamíferos no ambiente gestual implica uma contabilização complexa de três parâmetros: forma, intensidade e duração do comportamento.

Os estudos científicos de Kochetkov V.V. (1988, 2013) são dedicados ao estudo da influência da pressão de caça sobre os principais indicadores populacionais do lobo na fase de crescimento da sua população. Os trabalhos mostram a estabilidade das adaptações intrapopulacionais deste predador ao impacto antropogénico. É dado destaque à plasticidade dos territórios familiares durante o período de aumento populacional, o que, na sua opinião, contribuiu para a formação intensiva de novas famílias e compactação da estrutura espacial do lobo.

O livro de Cherenkov S.E., Poyarkov AD. (2003) é dedicado ao estudo da ecologia do lobo, à história e ao estado atual da sua pesca, à base legislativa e aos métodos de caça, bem como à transformação e avaliação dos troféus de caça.

Na publicação de Makridin V. P. et al. (1978) é abordada a biologia dos grandes predadores, incluindo o lobo. São apresentados dados sobre o seu número e distribuição, a inter-relação dos animais com o ambiente e a sua importância económica, bem como recomendações específicas para a proteção das espécies.

Os estudos científicos de Palvanizov M. (1974, 1990) resumem os resultados de muitos anos de investigação no terreno sobre a ecologia de animais predadores nos desertos da Ásia Central. Contêm dados sobre a sistemática e as condições de existência, a distribuição da população de lobos nos biótopos, os fenómenos sazonais na vida dos animais predadores (incluindo o lobo), dados extensivos sobre a dinâmica da densidade por anos, movimentos sazonais, visitas, atividade diária, comportamento, nutrição, reprodução, inimigos, doenças e parasitas dos predadores, a sua importância na agricultura e na caça. Também nos seus trabalhos científicos são considerados os problemas do sistema "predador-presa" (relações de forragem, relações de concorrência entre caçadores, vicariato, métodos de caça, papel dos predadores na regulação do número de animais). É dada muita atenção às questões de proteção e reprodução dos animais predadores, à organização adequada da colheita de peles.

Os trabalhos científicos de Reimov R. (1985, 2000, 2003, 2005, 2006) são dedicados ao estudo da composição da fauna e do estado das populações de mamíferos, incluindo o lobo, e das regularidades da sua distribuição. Foram caracterizadas as peculiaridades ecológicas do lobo e as formas da sua adaptação às condições da região do Mar de Aral. A regularidade da formação de complexos faunísticos de mamíferos predadores é revelada, são desenvolvidas formas de proteção e utilização racional de espécies separadas de mamíferos, incluindo o lobo, na economia nacional da República de Karakalpakstan.

Assim, os trabalhos científicos de muitos cientistas nacionais e estrangeiros contêm os resultados do estudo da alcateia e do movimento territorial dos lobos em diferentes condições naturais. Os dados da investigação mostram que a população de lobos é constituída por indivíduos unidos numa alcateia, que utilizam determinados territórios de áreas indígenas, e por animais isolados, não incluídos na alcateia, caracterizados por uma grande mobilidade. Verificou-se que a dimensão de uma área de habitat e a densidade de uma única alcateia dependem da disponibilidade de alimentos, da presença de abrigos, do grau de predação por seres humanos e da proximidade de fontes de água. A dimensão da alcateia e os movimentos territoriais da população de lobos em diferentes territórios desempenham um papel importante na estabilidade do suporte de vida e do seu número [75, pp. 8-50; 8, p. 605; 141, pp. 7-95; 135, p. 25; 116, pp. 18-22].

Considerando os problemas da dinâmica das populações de lobo, muitos especialistas têm prestado muita atenção ao impacto de vários factores ambientais na sua atividade vital. Assim, as publicações científicas da maioria dos cientistas apresentam informações sobre a avaliação da abundância do lobo em diferentes condições de habitat [93, p. 320; 94, p.76; 19, p.29; 128, p.161; 9, p.4-5]. De acordo com os autores, está estabelecido que a eficácia de vários factores ambientais como mecanismo regulador do tamanho da população nos ecossistemas depende da influência do impacto antropogénico em condições naturais. Observam que estes processos se manifestam em função dos recursos forrageiros e das condições de proteção, em que os mecanismos intrapopulacionais de alteração do tamanho da população funcionam e são regulados pelos próprios predadores e seus concorrentes. A dinâmica do número de animais é também caracterizada por alterações na composição por sexo e na estrutura etária em função das condições de habitat que mudam periodicamente [93, p. 320; 94, p.76; 9, p.4-5; 114, p.27; 32, p.1-5; 34, p.500; 34, p.64, 132, p.72].

A contagem do número de lobos é a forma mais importante de analisar especificamente o estado atual da população. Entre os métodos existentes de estimativa dos recursos de lobo, considera-se que o mais fiável é a contagem através do método de mapeamento das áreas de habitat do lobo. Nos seus trabalhos, muitos cientistas apresentaram os resultados da sua investigação de acordo com o método acima referido [115, p.75; 123, p.192; 98, p. 131-158; 130, p.20; 131, p.28; 132, p.72; 115, p.18-22].

O comportamento é uma das formas mais importantes de adaptação ativa dos predadores a uma variedade de condições ambientais. Garante a sobrevivência e a reprodução bem sucedida do indivíduo e da espécie como um todo. A informação sobre o comportamento dos animais é necessária para compreender a sua ecologia (peculiaridades do seu estilo de vida), o que, por sua vez, contribui para o desenvolvimento de problemas de proteção da natureza e de gestão racional da natureza. Muitos estudos efectuados por cientistas nacionais e estrangeiros apresentaram dados sobre a organização social e o comportamento dos animais, incluindo o lobo [24, p.111; 18, p.123-193; 34, p.500; 40, p.90-102; 123, p.192; 8, p.605; 39, p.105; 91, p.351; 25, p.320; 130, p.20; 134, p.25; 121, p.12; 145, p.3-5; 147, p.834; 153, p.210].

A nutrição é também uma das condições mais importantes na atividade de vida dos mamíferos predadores, incluindo o lobo. Estudos efectuados por muitos cientistas mostram que a natureza da nutrição é determinada pela atitude de uma dada espécie em relação às fontes de substâncias alimentares necessárias e determina a posição deste animal nas biocenoses - agrupamentos naturais de organismos [93, p.326; 34, p.500; 8, p.605; 91, p.351; 140, p.795; 45, p.41-43]. Muitos autores realizaram estudos para determinar a amplitude atual da distribuição do lobo em diferentes ecossistemas [113, p.1-3; 43, p.26-34; 27, p.165-167; 12, p.176].

Até à data, infelizmente, o sistema intraespecífico do lobo comum (*Canis lupus*, L.) ainda não foi desenvolvido de forma satisfatória. É apresentado na íntegra nas obras de apenas alguns autores estrangeiros [154, p.647-686; 150, p.320-321; 149, p.6; 8, p.605; 92, p.196-197, 3, p.70-71].

Entre os especialistas, o ponto de vista mais generalizado é que todos os taxa com as cinco espécies modernas de *Canis (lupus, latrans, familiaris, rufus, hodofilax)* estão incluídos num subgénero nominativo *Canis s. str.* [8, p.606; 92, p.196-197; 152, p.483-485; 12, p.176]. As ideias de diferentes autores sobre os limites taxonómicos do "grupo do lobo" são suficientemente semelhantes no sentido em que não incluíam espécies que ocupam espécies conhecidas por estarem longe da posição central de *Canis lupus*. A sistemática intra-específica do lobo também foi considerada em vários resumos regionais [85, pp. 187-263; 18, pp. 123-193; 92, pp. 196-197; 12, p. 176].

Nos estudos dos especialistas americanos são indicadas 20 subespécies do lobo, de acordo com o sistema proposto por Goldman (Goldman E.) em 1944; no território europeu são atribuídas até 12-15 subespécies e no território dos países da CEI é atribuído o sistema que inclui 9 subespécies [18, p.123-193].

Em todo o Paleártico, foram identificadas 12 subespécies de acordo com os dados dos cientistas Ellerman e Morison Scott (1966). No território dos países da CEI, são indicadas quatro subespécies do lobo comum [85, p.187-263].

Muitos trabalhos de cientistas famosos [133, p.487; 138, p.856; 21c.40; 21, p.100; 135, p.568; 76, p.520; 35, p.127; 36, p.64; 39, p.105; 93, p.326; 25, p.320] são dedicados à etologia animal. Na sua opinião, o estudo da estrutura espacial da população e da natureza da utilização do espaço pelos indivíduos e grupos familiares é extremamente importante para o estudo das particularidades comportamentais da ecologia dos mamíferos predadores.

Os trabalhos de alguns cientistas estrangeiros reflectem observações a longo prazo de um grupo específico de lobos, que permitem não só determinar os limites da parcela familiar e revelar a sua estrutura interna, mas também avaliar as mudanças que nela ocorrem [2, p.34; 134, p.25]. Muitos investigadores forneceram dados sobre a análise da dinâmica da parcela familiar de um grupo de lobos e a análise da atividade de marcação do grupo familiar de lobos (*Canis lupus*): a natureza da colocação das suas marcas e a contribuição de diferentes indivíduos para a marcação da área de habitat [2, p.34; 134, p.25].

O cruzamento entre lobos e cães é um fenómeno há muito conhecido pela ciência. No entanto, é pouco estudado e, portanto, de grande interesse. A maioria dos artigos científicos foi dedicada aos problemas dos híbridos lobo-cão [18, p.123-193; 93, p.320; 94, p.76; 8, p.605]. De acordo com os seus dados, foram encontrados em algumas regiões do nosso país e no estrangeiro lobos pretos, brancos, "outbreds" com pernas de pau, bem como lobos com uma coloração vermelha intensa. A principal razão para o aparecimento de híbridos lobo-cão na natureza foi uma diminuição significativa do número de lobos em resultado da perseguição humana, que foi acompanhada pela desintegração das alcateias de lobos, pela perturbação da estrutura sexual das populações de predadores

Atualmente, existe um grande número de trabalhos científicos dedicados ao estudo das caraterísticas das tocas e abrigos dos lobos em diferentes regiões. Os especialistas observam que, para a existência e reprodução normais dos animais selvagens, é necessário dispor de abrigos naturais ou de locais adequados para a formação de famílias e a criação de descendentes. A falta de abrigos e a ausência de condições para a criação de ninhos não só reduzem o número de animais, como também levam à sua completa extinção numa determinada área [93, p.326; 94, p.76; 75, p.8-50; 8, p.605; 140, p.7-95; 137, p.72-84].

Muitos especialistas dedicaram uma atenção especial ao estudo dos processos de reprodução do lobo e à identificação dos mecanismos geradores para manter a homeostase da população deste predador [18, p.123-193; 150, p.320-321; 93, p.326; 94, p.76; 8, p.605; 91, p.351]. As fases de reprodução em diferentes populações geográficas diferem marcadamente em termos de tempo e intensidade. De acordo com numerosas observações, verificou-se que as lobas de uma mesma alcateia têm cio em alturas diferentes (precoce e tardio). É sabido que os lobos (machos e fêmeas) atingem a puberdade fisiológica com mais de dois anos de idade [18, p.123-193; 150, p.320-321; 93, p.326; 94, p.76; 8, p.605; 91, p.351; 122, p.52-57; 140, p.7-95,130, p.20; 114, p.24; 45, p.41-43; 47, p.38-41; 48, p.80-81; 27, p.165-167].

Até há pouco tempo, a questão da gestão das populações de lobo não era tão premente. A partir da década de 1930, os cientistas começaram a exprimir a sua opinião sobre a revisão dos pontos de vista enraizados sobre a nocividade do lobo. Na segunda metade do século XX, as atitudes humanas em relação à natureza e à conservação da biodiversidade mudaram de certa forma. Muitas publicações científicas consideram as questões da regulação e gestão das populações de lobo em ligação com o grande impacto antropogénico nos ecossistemas [150, p 320-321;93, p.320;94, p.76;8, p.606;144, p.1068-1081;101, p.9-11;82, p.10-12; 131, p.28;116, p.12-14;38, p.10-15]. Um dos problemas fundamentais da ecologia das populações, de grande importância teórica e económica, é a relação predador-presa. Não existem na natureza animais predadores absolutamente úteis ou absolutamente nocivos. Sabe-se que os lobos têm um certo significado ecológico, ou seja, através da sua predação, mantêm o número de vítimas num estado ótimo e podem servir como um mecanismo ecológico regulador significativo [93, p.320; 94, p.76; 8, p.605; 144, p.1068-1081; 100, p.9-11; 130, p.20; 82, p.10-12; 113, p.1-3; 116, p.13; 132, p.72; 38, p.10-15; 32, p.1-5].

Assim, a revisão geral da literatura mostrou que, atualmente, a questão do impacto da transformação antropogénica dos ecossistemas nas caraterísticas ecológicas e populacionais da população de lobos e, em particular, na região do Priaralie Meridional, continua a ser insuficientemente estudada. A este respeito, o estudo das caraterísticas ecológicas da população de lobos é de importância fundamental para a resolução de muitas questões da moderna ecologia populacional teórica e aplicada.

CAPÍTULO II

MATERIAIS E MÉTODOS SOBRE A ECOLOGIA DAS POPULAÇÕES DE LOBO 2.1. Materiais, métodos e âmbito do estudo

O presente documento baseia-se nos dados recolhidos durante o período de 2009 a 2017 na região de Prearalie do Sul, a exemplo da República de Karakalpakstan.

Os estudos no terreno foram efectuados em conformidade com o programa aprovado para o estudo das caraterísticas ecológicas da população de lobos. As expedições de campo foram efectuadas nos seguintes distritos de Karakalpakstan: Kegeyli, Chimbay, Takhtakupyr, Muynak, Kanlykul e Shumanay, Ellikkala, Beruni e Turtkul, bem como no planalto de Ustyurt e no deserto de Kyzylkum.

No decurso do estudo, selecionámos locais modelo situados em diferentes territórios com diferentes regimes de gestão da natureza. Foram selecionados dois bandos modelo - Aspantai - Shakamanskaya (distritos de Kegeyli e Chimbay), Uchsai (distrito de Muynak).

De acordo com o programa de investigação, o comprimento total dos percursos terrestres percorridos foi superior a 15 000 km. Foram utilizados dados sobre os registos de lobos da secção de Karakalpak da Sociedade Desportiva de Caçadores e Pescadores do Usbequistão e das explorações florestais estatais de Kungrad e Kazakhdarya da República de Karakalpakstan.

Foram utilizados métodos comuns: mapeamento itinerário de áreas territoriais do habitat do lobo através de entrevistas e questionários; identificação de indivíduos através da medição de pegadas; análise de excrementos e de restos de presas; localização e inspeção de covis e tocas [85, p.187-263; 98, p.131-158].

O princípio fundamental da contagem de percursos e da cartografia das áreas territoriais do habitat do lobo com a ajuda de inquéritos e questionários é acumular mais observações - encontros com lobos e vestígios da sua atividade. A colocação dos pontos de observação no esquema do mapa permite detetar a densificação dos pontos - os centros de atividade do lobo. Quanto maior for o número de pontos, mais precisamente se determinam esses centros. A análise das próprias observações permite determinar a época e a natureza da permanência dos lobos numa determinada área e, em seguida, calcular a população total de lobos para todo o território em estudo. Seguindo os princípios das "Guidelines for wolf counting by habitat mapping method" [19, p.29], utilizámos a seguinte metodologia [19, p.29], utilizámos as seguintes regras:

1. Mapeamento de todos os grupos de observações numa ordem uniforme.
2. Avaliar a validade das observações.
3. Identificação de territórios com diferentes níveis de exaustividade contabilística.
4. Transmissão coerente de todas as informações, na ordem prescrita, dos correspondentes para a organização de controlo.

Este método permite determinar com grande exatidão o número e o estado da população de lobos. Implica a recolha obrigatória de toda a informação sobre o lobo. Ao mesmo tempo que se procede à contagem dos números, acumula-se material para a resolução de tarefas práticas e científico-práticas, das quais as seguintes são as principais:

1. Determinação da importância e da natureza dos danos causados pelo lobo nas explorações agrícolas e cinegéticas.

2. Obtenção de uma base cartográfica e ecológica para a regulação da população de lobos.

3. Criação de um banco de informações centralizado sobre a ecologia do lobo.

Assim, o material recolhido permitiu-nos desenvolver estratégias e tácticas ecologicamente competentes para regular o número de lobos, tanto em condições de números inaceitavelmente elevados como de populações de lobos esparsas.

No início da fase de cartografia do habitat do lobo, foram utilizados mapas de cada distrito e esquema florestal.

Com base no questionário e no método de inquérito, foram recolhidas informações sobre a ocorrência de lobos nas terras da região ou numa determinada área em diferentes épocas do ano, casos de ninhadas de lobos, vestígios de atividade de vida (excrementos, pontos de urina, restos de vítimas, toca, etc.) e casos de ataques de lobos ao gado, etc.

Os questionários foram preenchidos por residentes de povoações, caçadores, pastores, guardas de caça, inspectores e outras pessoas através de observações privadas. Qualquer facto, qualquer relatório relacionado com lobos (incluindo a sua ausência) foi considerado como uma observação. A cada relatório recebido foi atribuído um número, que foi registado no diário de bordo. Em seguida, a fiabilidade das informações recebidas foi avaliada utilizando um sistema de cinco pontos.

5 pontos - o facto é constatado pelo próprio investigador.

4 pontos - factos verificados pelo próprio investigador ou por uma pessoa conhecedora e plenamente credível;

3 pontos - o facto é estabelecido ou verificado (ou a fiabilidade da informação é atestada) por um guarda-caça experiente, um caçador ou uma pessoa sem conhecimentos especiais, mas bastante fiável; neste caso, o facto não parece improvável;

2 pontos - o facto é apurado por pessoas aleatórias e pouco conhecidas, existe a possibilidade de encontrar uma testemunha ocular, mas a verificação não é feita;

1 ponto - não se sabe por quem o facto foi estabelecido ou a fonte não é obviamente fiável. As pontuações foram indicadas entre parêntesis no final de cada questionário.

Com base nas informações obtidas, a área autóctone exacta de uma alcateia foi estabelecida e transferida para o esquema cartográfico (Fig. 1). O local de observação foi marcado no esquema cartográfico com um ponto, ao lado do qual foi desenhado um círculo com um número correspondente à observação em causa no diário de bordo. O rasto, tanto quanto a escala o permite, é desenhado no esquema com uma linha, na forma correspondente ao legado, e o número da observação (neste caso, o rasto) é colocado no círculo, no ponto de partida. A direção do movimento dos lobos é indicada por uma seta.

Na fase final, foi elaborado um esquema cartográfico para o conjunto da área de estudo, que foi dividido em zonas em função da quantidade e da qualidade das informações obtidas (Fig. 2).

I. A zona de registo contínuo. Deve incluir reservas, santuários de vida selvagem e explorações de caça com guardas de caça a tempo inteiro; zonas bem equipadas com correspondentes; zonas atribuídas a caçadores a tempo inteiro e intensamente utilizadas por estes. O erro estimado não é superior a 10% da população de lobos.

II. Zona de informação suficiente. Inclui as áreas regularmente inquiridas pelos correspondentes activos na maioria dos aglomerados populacionais. O erro possível é estimado em não mais de 20%.

III. Uma área com informação insuficiente.

IV. Um domínio em que a falta de informação é quase total.

Todas as zonas acima referidas foram identificadas com grandes números romanos I-IV. Os limites estimados das áreas de famílias e alcateias da população de lobos foram traçados com linhas tracejadas. Cada alcateia designada da população de lobos foi convencionalmente identificada com nomes de zonas. Além disso, foram recolhidos dados sobre ataques de lobos a animais domésticos e selvagens. Os factos de ataques a seres humanos também foram tidos em conta de forma especial. Todas as tocas de lobo encontradas, tocas temporárias e parques infantis de lobo foram assinalados nos mapas. A exatidão da determinação do habitat do lobo através da cartografia foi garantida pelo maior número possível de observações, relativas a diferentes estações do ano e a diferentes aspectos do estilo de vida do lobo.

A cartografia teve em conta a localização de observações diretas de lobos, os seus rastos, fezes, arranhões e informações sobre híbridos lobo-cão. Os dados retrospectivos sobre lobos de toda a área de estudo também foram utilizados na cartografia.

Como resultado, obteve-se um esquema cartográfico final com informação completa generalizada. Foram determinados os limites das zonas de habitat das populações de lobo condicionalmente rotuladas para as quais se conhece a área de reprodução (Fig. 3). O sítio da população de Aspantai - Shakamanskaya serviu de sítio modelo, para o qual foram determinados os seguintes elementos

1. Área de habitat de nidificação;

2. Caraterísticas da estrutura das manchas de habitat :

3. Limites frequentemente utilizados pelos lobos (rios, colectores, auto-estradas e pontes, etc.). Os limites estimados das zonas de habitat foram assinalados no mapa com uma linha tracejada. Os limites das zonas de reprodução foram igualmente assinalados, mas com traços mais curtos.

Alguns limites de habitats familiares e de alcateias foram determinados de forma presuntiva. Com a ajuda dos esquemas de cartografia, é possível calcular o número de lobos.

Assim, para uma cartografia bem sucedida dos habitats do lobo, controlo e regulação do seu número, é necessário acumular um número suficientemente grande de observações e utilizar ativamente a informação obtida. A análise qualitativa do material recolhido permitiu-nos estudar em maior profundidade as particularidades ecológicas do estilo de vida do lobo no Priaralie meridional. Com os materiais de cartografia, é possível levar a cabo medidas de conservação direcionadas e a regulação racional das populações de lobo.

Os estudos de campo sobre a ecologia do lobo foram efectuados de acordo com o método geralmente aceite de Novikov G.A. (1953). A idade dos animais foi determinada de acordo com o método de Klevezal G.A. (2007).

Para determinar a variabilidade geográfica da população de lobos, utilizou-se a metodologia descrita em D.I. Bibikov et al. (1985).

No estudo da alimentação do lobo, foi efectuada uma análise caprológica dos excrementos no laboratório do Centro Republicano de Karakalpak para a Prevenção da Quarentena e de Infecções Especialmente Perigosas do Ministério da Saúde da República do Uzbequistão. A população foi também entrevistada sobre os ataques de lobos a animais domésticos e os prejuízos económicos causados às explorações agrícolas nos distritos estudados da República de Karakalpakstan.

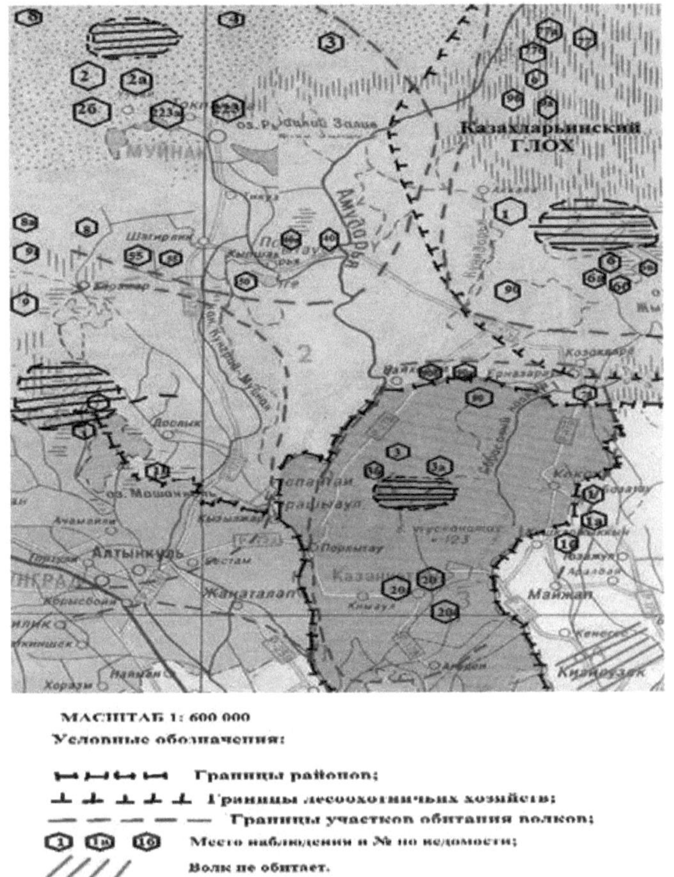

Fig.1. Mapa esquemático da contabilidade do lobo na República de Karakalpakstan

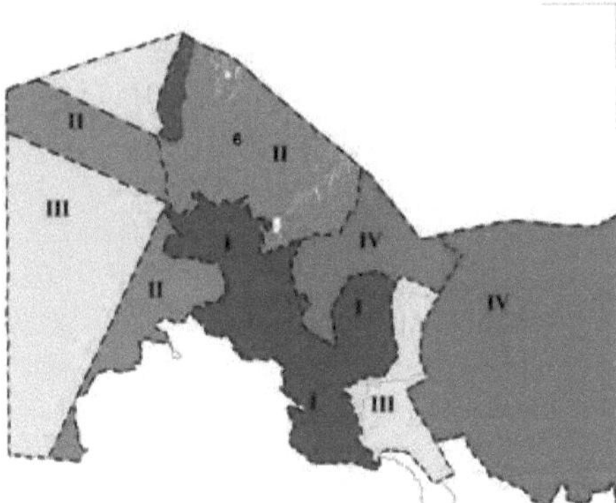

Fig.2. Mapa esquemático das zonas da República de Karakalpakstan em termos de quantidade e qualidade da informação recebida sobre lobos

I. Área de contagem contínua
II. Zona de informação suficiente
III. Área de informação insuficiente
V. Um domínio de quase total falta de informação

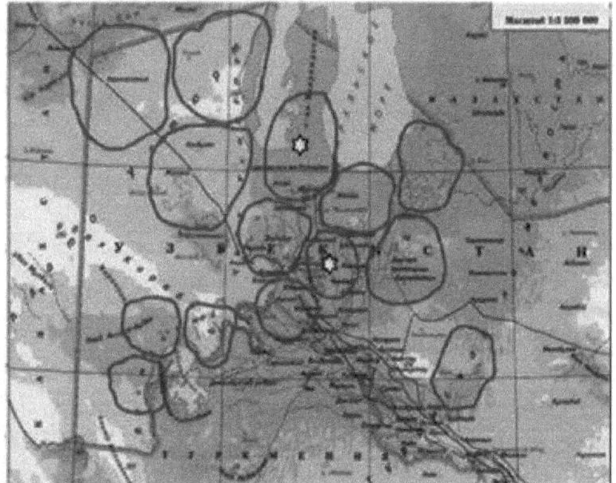

Fig. 3. Principais zonas indígenas (família e alcateia) de lobos no território da
República do Caracalpaquistão

✡ -Modelos de matilhas de lobos familiares

◯ - Limites dos sítios de alcateias familiares individuais

A dinâmica da população de lobo na área de estudo foi analisada de acordo com a
ocorrência de lobos na área de estudo, por captura de presas e peles, bem como por
causar danos a animais selvagens e domésticos.

No decurso dos trabalhos, foi criada uma rede de informação de observadores entre os
funcionários dos Khokimiyats dos departamentos de pecuária dos distritos estudados
da República de Karakalpakstan, membros da secção de Karakalpak da Sociedade de
Caçadores e Pescadores do Usbequistão, funcionários do Comité Estatal de Ecologia e
Proteção do Ambiente da República de Karakalpakstan, da Inspeção para o Controlo
da Proteção e Utilização da Biodiversidade e das Áreas Naturais Protegidas no âmbito
do Comité Estatal de Ecologia e Proteção do Ambiente da República do Usbequistão e
um funcionário do Comité Estatal da República do Usbequistão. O material factual
obtido foi tratado estatisticamente de acordo com G.F. Lakin (1980) e N.A.
Plokhinsky (1970), utilizando os programas informáticos Microsoft Excel e
STATGRAF.

2.2 Caracterização física e geográfica do Priaralie Sul

A região estudada do Mar de Aral e os vastos territórios adjacentes representam um
único complexo com condições climáticas,   hidrológicas, pedológicas   e
botânicas peculiares.
caraterísticas.
O Priaralie refere-se ao complexo paisagístico que abrange a parte noroeste do
Kyzylkum, o Zaunguz Karakum (incluindo a depressão Sarykamysh), o sul de Ustyurt

e o vale e delta do Amu Darya. [2]A região do Mar de Aral cobre uma área de 245 500 km, o que corresponde a 19,2 por cento do território da Ásia Central. Inclui toda a República de Karakalpakstan, a província de Khorezm, a província de Tashauz da República do Turquemenistão [99, p.96] ,

As caraterísticas geobotânicas na região estudada do Mar de Aral podem ser distinguidas em três distritos zoogeográficos: Baixo Amudarya, Ustyurt do Sul e Kyzylkum. Cada distrito caracteriza-se pela diversidade da estrutura geológica e da paisagem, do clima e do regime hídrico, da flora e da fauna, bem como pela intensidade diferente dos factores antropogénicos. Em geral, apresentam caraterísticas semelhantes em termos de estrutura e dinâmica, história de formação e condições específicas do ambiente natural.

O distrito de Lower Amudarya faz fronteira com o planalto de Ustyurt a oeste, Kyzylkum a leste, Zanguz Karakum a sul e o leito seco do Mar de Aral a norte. Caracteriza-se por um relevo plano e situa-se inteiramente na zona desértica. De acordo com a natureza da combinação de paisagens em termos hidrológicos e pedo-botânicos, divide-se em partes meridionais (Khorezm-Turtkul), setentrionais (Chimbay-Turtkul) e Primorsky [99, p.96].

O distrito de Kyzylkum é representado por um deserto arenoso, de carácter predominantemente plano, com pequenos planaltos de idade Terciária-Cretácea. Este distrito inclui as zonas de Sultanuizdag, Beltau e Kyzylkum Norte.

O distrito de Ustyurt do Sul situa-se no extremo noroeste da República de Karakalpakstan. De acordo com as condições climáticas e edafo-geobotânicas, divide-se nos distritos de Assakeaudan, Kosbulak e Churuk.

Curso inferior e delta do Amu Darya

O curso inferior e o delta do Amu Darya são uma enorme planície aluvial situada no curso inferior do rio, desde o desfiladeiro de Tuyamuyun até ao Mar de Aral. A norte, faz fronteira com a parte seca do Mar de Aral, a oeste é delimitada pelo Chink Ustyurt, a sul pela bacia de Zanuguz Karakum e Sarykamysh e a leste pelo deserto de Kyzylkum.

O curso inferior do rio Amu Darya difere significativamente dos desertos arenosos e de gesso circundantes em termos de condições físicas e geográficas. [2]De acordo com os dados dos investigadores, a vasta área do vale e delta do Amudarya é formada por sedimentos de lagos aluviais, com 365 km de comprimento, até 319 km de largura (até à bacia de Sarykamysh), área total de 45200 km [99, p.96].

Geomorfologicamente, este território é um antigo delta do Amu Darya, que no cabo Takhiatash passa para a moderna planície de Priaralie. O relevo plano é por vezes quebrado por raros planaltos residuais, distantes entre si: Kubetau, Jumurtau, Porlytau, Kushkanatau, Beltau, bem como os antigos leitos dos rios Daryalyk e Daudan.

Sob a influência da atividade económica humana ao longo de séculos, o relevo natural pouco ondulado do curso inferior do rio Amudarya transformou-se numa superfície em socalcos pouco profundos, atravessada em várias direcções por amplos canais principais e por uma rede de drenagem coletora.

Os solos do vale de Amudarya são desérticos, arenosos e desérticos, desenvolvidos sobre aluviões antigos, e nos deltas são pantanosos, pantanosos e solonchak, e no leito seco do Mar de Aral são solos solonchak, solos arenosos e argilosos encontram-se em terras altas e em restos do Terciário. Pequenas áreas são ocupadas por solos cinzentos-castanhos.

O curso inferior do rio Amu Darya divide-se em duas partes: sul e norte. A parte sul inclui a província de Khorezm, os distritos de Turtkul, Ellikala, Beruni e Amudarya da República de Karakalpakstan e a província de Tashauz do Turquemenistão. A parte norte inclui territórios à beira-mar, que representam um biocomplexo peculiar (estuários do Amu Darya, massas de água locais, archepalag de Karabayla, etc.). As partes sul e norte do curso inferior do Amu Darya diferem entre si em termos de relevo, regime hidrológico, solo e cobertura vegetal.

A parte meridional (oásis de Khorezm) do baixo Amu Darya está situada no extremo ocidental do Kyzylkum, entre o planalto de Ustyurt, a cordilheira de Sultanuizdag e as montanhas Karakum. Geomorfologicamente, a região é um antigo delta do Amu Darya. A formação do meso-microrrelevo está intimamente ligada à atividade do rio e à cultura secular da agricultura [118, p.202-209; 99, p.96].

A altura absoluta do oásis acima do nível do mar no sudeste é de 100 m, no noroeste - 75 m. Karakum e Kyzylkum elevam-se acima do vale por 525 m, a transição para a planície é geralmente suave, em alguns locais as areias cortam o vale. O nível das águas subterrâneas é determinado pela rede de colectores de drenagem e de irrigação, a precipitação atmosférica não tem qualquer influência notável. As águas subterrâneas e as águas de descarga acumulam-se em numerosas depressões pouco profundas e amplas, resultando na formação de uma rede de lagos salinos e pouco profundos, especialmente na parte periférica sudoeste do delta, adjacente aos Karakums. Os Verões quentes e secos, os Invernos frios e com neve e a elevada evapotranspiração são caraterísticas do clima deste oásis.

ºººº De acordo com dados de longo prazo, a temperatura média em janeiro é de 4-5 C, ou seja, 2,5-3,5 C mais elevada do que nas regiões setentrionais, o inverno é mais curto em quase um mês, com um mínimo absoluto de -26 C, o verão é quente, com um máximo absoluto de 42,6 C (Fig. 4).

Em termos de precipitação, estas zonas encontram-se entre as mais secas da Ásia Central. A precipitação média anual é de cerca de 80 mm, principalmente sob a forma de chuva na primavera e no outono. A cobertura de neve é extremamente instável e, nalguns meses de inverno, dura menos de 10 dias.

A duração do período sem geadas é em média de 214 dias. A humidade relativa do ar, devido à proximidade do Mar de Aral, é mais elevada do que nas zonas superior e média do Amu Darya nos meses de verão - cerca de 30-40% (Figura 5).

Figura 4. Dinâmica da temperatura média anual do ar na parte sul da Jusante do Amudarya (2009-2016)

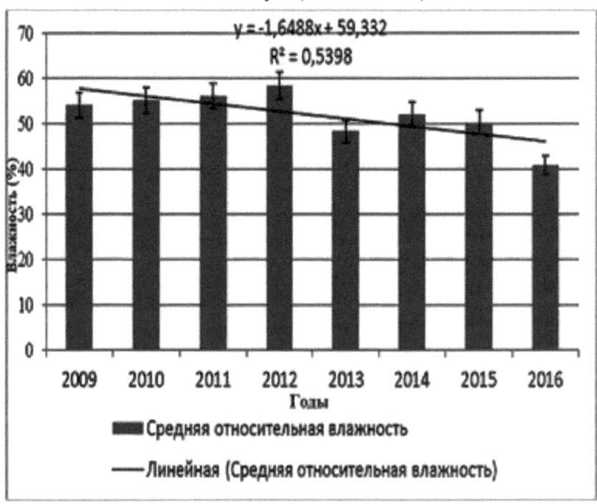

Fig.5. Dinâmica da humidade relativa média anual do ar (%) no território da parte sul do Baixo Rio Amudarya (2009-2016).

A irrigação e o cultivo do solo alteram drasticamente o regime hídrico e determinam o carácter da vegetação, criando um microclima peculiar. A base do coberto vegetal das zonas cultivadas dos oásis e das zonas inferiores do rio Amu Darya é constituída por culturas agrícolas (algodão, arroz, milho, luzerna, culturas hortícolas, etc.), jardins e plantações florestais, enquanto as zonas não tratadas são constituídas por tipos de vegetação selvagem próximos das formações naturais. Para além das ervas daninhas, encontram-se os seguintes grupos de vegetação: ripícola, solonchak, psammophilous-shrub, halófitos e hidrófitos (caniço, hornwort, junco).

A parte sul do curso inferior do Amu Darya é a mais desenvolvida e povoada, pelo que a vegetação natural dos oásis não ocupa grandes áreas. As formações de espinho de camelo e de alcaçuz desenvolvem-se nos depósitos que deixaram temporariamente de ser utilizados para fins culturais.

Formações solanáceas: sarsazan, soleros, tamarix e plantas solanáceas anuais, os cereais desenvolvem-se em solonchaks felpudos, margens de lagos salinos.

A composição florística é relativamente pobre, com as ervas daninhas a ocuparem a posição principal. A vegetação de takyr e solanáceas é a mais comum. As alterações do coberto vegetal do curso inferior do Amu Darya no antigo delta e no oásis estão em parte relacionadas com o processo de secagem do território após a cessação da irrigação e a transição gradual dos perelogs para pousios, o que determina a sequência de mudança das formações: yantachnaya, itsigekova, keireukova, biurgunova. Nas areias e nos planaltos residuais encontram-se formações de absinto-solanáceas e psammofílicas-arbustivas constituídas por turangil, dzhida, tamarix e chingil. Ocupam uma grande área ao longo do rio Amu Darya, grandes canais de irrigação e colectores.

O coberto vegetal do Zaunguz Karakum adjacente ao oásis é constituído principalmente por formações xerofíticas (saxaul, cherkez, kandym, acácia-das-areias, éfedra, absinto, astrágalo e algumas solanáceas, efémeras e efemeroides). As associações herbáceas de ajrek desenvolvem-se em terras não húmidas e depósitos. Ao longo das margens dos lagos crescem o junco, a erva-dos-chifres, vários juncos, o junco, o pente e outros componentes comuns do tugai herbáceo.

O mundo animal é pobre, os mamíferos são raros: lobo, chacal, raposa, gato das estepes, etc. Há muitas aves aquáticas, mas a maior parte delas são migratórias. Há muitas aves aquáticas, mas a maioria é migratória.

A parte setentrional (costeira) do curso inferior do rio Amu Darya abrange o território plano do delta moderno, desde o distrito de Takhiatash até à fronteira do leito seco do mar de Aral. A oeste, faz fronteira com o planalto de Ustyurt, a norte faz fronteira com o leito seco do mar de Aral, a leste faz fronteira com Kyzylkum quase ao longo da linha dos planaltos de Beltau e Sultanuzdag.

O relevo é uma planície ligeiramente convexa com um extenso fundo de ilhas separadas, algumas das quais são elevações remanescentes dos períodos Terciário e Cretáceo: Krantau, Porlytau, Kushkanatau, Kyzyl-Dzhar, Beltau. Este território foi formado pela atividade do rio Amu Darya durante milénios, em resultado da deposição de sedimentos de areia e lodo.

O clima é seco, continental, com verões quentes e sem chuva e períodos húmidos de inverno e primavera. As temperaturas médias mensais positivas do ar prevalecem sobre as negativas. [000]A temperatura máxima absoluta do ar é de 40 C, a mínima absoluta é de 25 C, chegando por vezes a -32 C. O período sem geadas é de 193-195 dias.

[00]De acordo com os nossos dados recolhidos, a temperatura média anual do ar varia entre 10,3 C e 14,2 C. O valor mais elevado foi registado em 2010 e 2016. O indicador mínimo foi registado em 2014 (Fig. 6). A linha de tendência indica a estabilidade deste indicador.

A precipitação sob a forma de chuva e neve é baixa, não ultrapassando os 100 mm. A cobertura de neve atinge 10-15 cm de espessura, não dura muito tempo e derrete rapidamente. Há 20-30 dias de neve por ano.

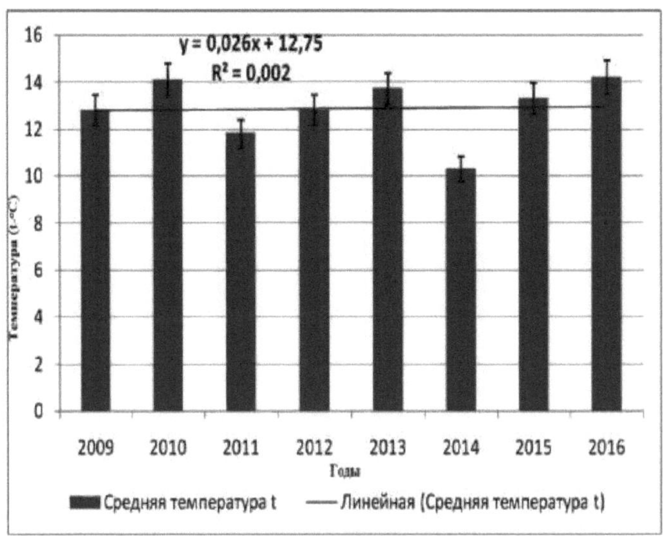

Figura 6. Dinâmica da temperatura média anual do ar no território da parte norte do Baixo Rio Amudarya (2009-2016)

A dinâmica plurianual da precipitação mostra um aumento gradual nos últimos anos (Fig. 7). A precipitação máxima foi registada em 2012, 2015 e 2016. O nível mínimo foi registado em 2010 e 2011. A tendência linear indica um aumento acentuado deste indicador.

O delta costeiro do Amu Darya, de acordo com Lopatin V.G., Denigina R.S. e Egorov V.V. [2222]G., Denigina R.S. e Egorov V.V. (1958), nos anos 50 era constituído por 4 partes: sul, relativamente afastada do mar (área terrestre de 697 km ou 69%); leste (área terrestre de 937 km); oeste (923 km); central (335 km). Nos últimos anos, a área do delta moderno ("vivo") alterou-se drasticamente. A regulação do escoamento do Amu Darya e do Syr Darya, a expansão intensiva das terras irrigadas para o algodão e o arroz e a redução do escoamento anual destes rios agravaram ainda mais o regime hidrológico do Mar de Aral e dos deltas dos rios e levaram à secagem do Mar de Aral e do delta do Amu Darya.

Fig. 7. Dinâmica da precipitação média anual (mm)
no território da parte norte da bacia do Baixo Amu Darya
(2009-2016).

[22]Na década de 50, o delta do Amu Darya ocupava 45000-50000 km, dos quais cerca de 35000 km eram massas de água alimentadas por canais naturais do Amu Darya [106, p.10-17; 90, p.35-53]. Em 1963, a área de superfície de água aberta (espelho de água límpida, ou pregas) das massas de água do delta era de 98 mil ha [120, p.17]. A redução subsequente do caudal do Amu Darya e o abaixamento do nível do Mar de Aral resultaram na secagem de mais de 40 lagos com uma área total de 50 mil ha [5, p.80].

Atualmente, todas as massas de água do arquipélago de Karabaily e os sistemas lacustres de Bozatau e Karadjar estão quase secos. Devido à secagem do Mar de Aral, as baías de Muynak, Sarbas e Abassi secaram em alguns locais. As belas terras de ratos-almiscarados no curso inferior do Amu Darya, onde mais de 1 milhão de peles de ratos-almiscarados eram colhidas anualmente em 1956-1957, secaram completamente. Desde 1977-1978, devido ao reduzido número de peles de rato-almiscareiro, não são colhidas.

A deterioração do regime hidrológico e o desenvolvimento do território conduziram não só à redução das áreas ocupadas por florestas ripícolas e caniçais, mas também à substituição dos hidrófitos por xerófitos e halófitos. Nas zonas alagadas crescem o junco, a erva-dos-chifres, o falso junco e as espécies aquáticas. Nas margens do rio Amu Darya, predominam nas planícies aluviais as associações de turangil e otário, os arbustos e os semi-arbustos. Isto cria condições favoráveis para uma variedade de animais, incluindo mamíferos. O javali, o texugo, a raposa, o chacal, o lobo, o gato-do-mato, a lebre, a doninha e a doninha-das-estepes são frequentemente encontrados aqui, e as aves aquáticas, tanto nidificantes como migratórias, são especialmente abundantes.

Planalto de Ustyurt

[2]Ustyurt ocupa cerca de 200 mil quilómetros, situados entre o Mar de Aral e o Mar

24

Cáspio. Situa-se a 50-280 metros acima do nível do mar. O planalto é delimitado por altas falésias, ou fendas. A sua superfície é composta por sedimentos sarmatianos. [2]A parte Karakalpak de Ustyurt tem 7 mil quilómetros. Trata-se de uma vasta planície cortada por uvalas e depressões, as maiores das quais - as depressões de Assekeaudan e Barsakelmes - situam-se abaixo do nível do mar. Fendas íngremes (90-100 m, por vezes 240 m de altura absoluta) rompem o planalto em direção ao Mar de Aral. A partir do Cabo Urga, a fenda corre para sul ao longo da margem ocidental da antiga bacia de Aibugir. No lado sul da fissura encontram-se a depressão de Sarykamysh, o planalto de Kaplankyr e o antigo leito do Amu Darya Uzboy [99; p.96].

De acordo com a zonagem fisiográfica, o Planalto de Ustyurt é considerado como parte da Província do Cazaquistão Central e distingue-se como uma unidade fisiográfica integral pela unidade das condições geológico-geomorfológicas e paleogeográficas da formação das paisagens modernas [29, p.106-111].

Paisagem , clima, solo e geobotânica .

As condições de Ustyurt estão divididas em três distritos (Figura 8.). O distrito de Ustyurt Norte abrange a parte norte de Karakalpak Ustyurt. Trata-se de uma planície suavemente ondulada com alturas até 150 metros. O tipo predominante é a paisagem com o complexo biyurgunovo-boyalyshev, que ocupa até 90% de todo o território do distrito. O distrito de Ustyurt Central ocupa a parte central e mais deprimida do território. As elevações absolutas do território variam entre 71 metros no fundo da bacia de Barsakelmes e 150 metros no norte. No noroeste, a depressão de Barsakelmes continua sob a forma de uma planície de acumulação lacustre composta por sedimentos arenosos. O distrito de Ustyurt Sul ocupa o território a sul do uval de Karabaur e as terras altas adjacentes. O relevo da área é uma planície ondulada, dissecada por calhas de escoamento. Na parte sul de Ustyurt, existe uma grande depressão assakeaudana, cujas encostas íngremes atingem uma altura de 40-50 metros. O vasto fundo da depressão caracteriza-se por um relevo suavemente ondulado. Aqui, bem como nas depressões adjacentes a Barsakelmes, estão disseminadas areias nodosas semi-fixas com 2-5 m de altura, constituídas por partículas de areia de grão fino e poeira salina depositada à volta de arbustos [29, p.106-111].

A temperatura do ar é um dos indicadores importantes para a caraterização da paisagem.

De acordo com a nossa investigação no território do Planalto de Ustyurt para o período de 2009 a 2016, foi analisada a variação da temperatura do ar (Fig. 9). A temperatura média anual do ar é bastante estável durante todo o período de estudo. [00]Note-se que a temperatura máxima foi registada em 2014 -35,1 C, e a temperatura mínima atingiu -2,9 C em 2009 e 2014.

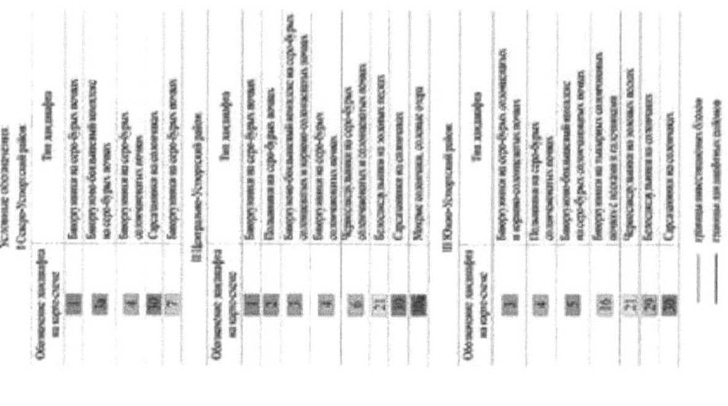
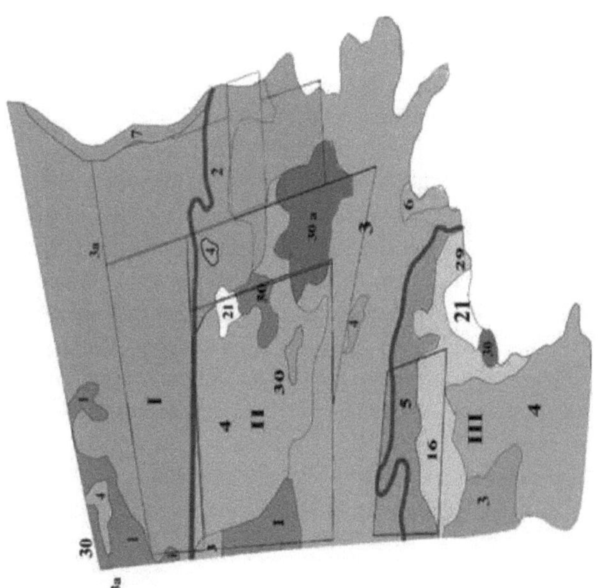

Figura 8. Mapa da paisagem (por Kleimenova, 2010)

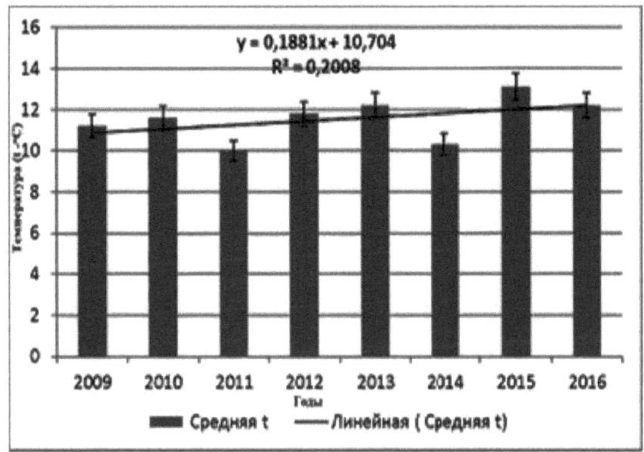

Fig. 9. Dinâmica da temperatura média anual do ar no território
Planalto de Ustyurt (2009-2016).

Analisando a média anual da humidade relativa, verifica-se que o indicador máximo é em 2009 (57,3%), no resto do período há uma diminuição constante até 2014 (43,8%) e depois há um aumento gradual para 48,4% em 2015 (Figura 10).

A quantidade de precipitação de qualquer paisagem é uma parte integrante devido ao seu impacto na flora e na fauna, bem como desempenha um papel importante no processo do ciclo de troca de água no ambiente. A análise dos indicadores de precipitação do Planalto de Ustyurt para o período de 2009 a 2016 mostrou que dois picos máximos de precipitação -2012, 2014, 2015 (até 35,1 mm) (Fig.11).

De acordo com a zonagem edafo-geográfica, o território de Karakalpak Ustyurt pertence à faixa sub-boreal, à zona de desertos e semi-desertos. No território estão representadas as seguintes variedades de solo: deserto cinzento-castanho, takyr, takyr, gipsozems,
deserto arenoso, deserto solonts, solonchaks. A salinidade e o baixo teor de húmus são caraterísticas dos solos do planalto de Ustyurt [29, p.106 -111].

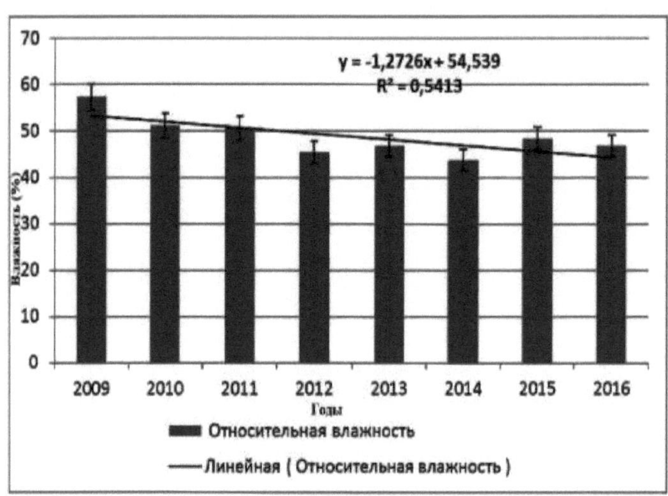

Fig. 10. Dinâmica da humidade relativa média anual do ar (%) no território do Planalto de Ustyurt (2009-2016).

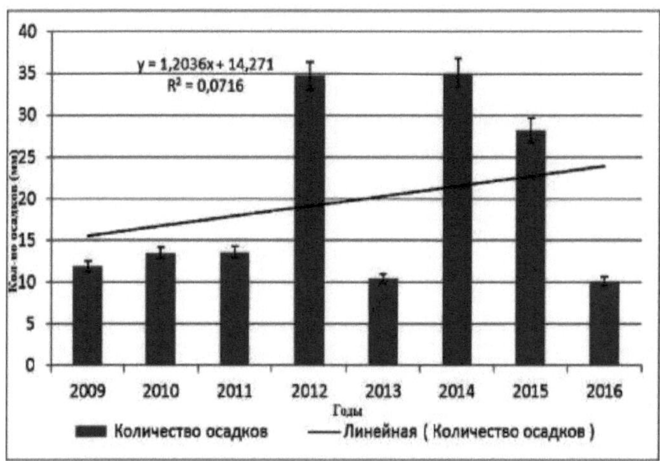

Fig. 11. Dinâmica da precipitação média anual (mm) no território do Planalto de Ustyurt (2009-2016).

De acordo com os dados de especialistas, foi efectuada uma zonagem ecológica dos solos do planalto de Ustyurt [29. p.106-111]. As áreas com estabilidade do solo muito baixa estão principalmente confinadas ao Barsakelmes Shor na região paisagística de Ustyurt Central. No resto do território considerado, estão representadas, de forma limitada, na depressão de Assakeaudan, na região paisagística de Ustyurt Sul, e no extremo noroeste de Karakalpak Ustyurt. Esta categoria de terras inclui solonchaks e solonts de crosta e suas variações. As zonas com baixo nível de estabilidade são representadas principalmente por solos do tipo takyr e takyr. O seu baixo teor de húmus, as propriedades físicas e químicas desfavoráveis, a baixa intensidade dos processos do solo e a incompletude dos processos do solo em condições naturais e climáticas contrastantes agravam a sua sustentabilidade ambiental.

[00]Considerando a dinâmica dos indicadores médios anuais da temperatura da superfície do solo no território do Planalto de Ustyurt para o período de 2009 a 2016, pode notar-se que os indicadores máximos foram registados em 2012 e 2014 (até 43,3-44,2 C), e entre os indicadores mínimos a temperatura mais baixa foi registada em 2009 e 2015 (até - 5,6 C) (Fig. 12).

Na parte noroeste da área de paisagem Central-Ustyurt, formou-se um conjunto significativo de solos moderadamente estáveis. O carácter das comunidades vegetais é determinado por factores climáticos naturais: insolação intensa e temperaturas elevadas no verão, geadas fortes combinadas com uma fraca cobertura de neve no inverno, défice de humidade no solo e no ar no verão e flutuações de temperatura diárias e anuais acentuadas [84, p.200; 17, p.177]. Segundo os cientistas, a composição florística de Ustyurt é de 326 espécies de plantas silvestres superiores pertencentes a 192 géneros e 42 famílias. De acordo com os dados mais recentes, foram identificadas 183 espécies de plantas superiores pertencentes a 114 géneros e 25 famílias [1, p.78-90]. Na parte Karakalpak de Ustyurt existem espécies de plantas raras na Ásia Central em geral, conhecidas até agora apenas em alguns locais, e *Salsola chivensis* é "endémica de Ustyurt" [84, p.200]. [84, c.200].

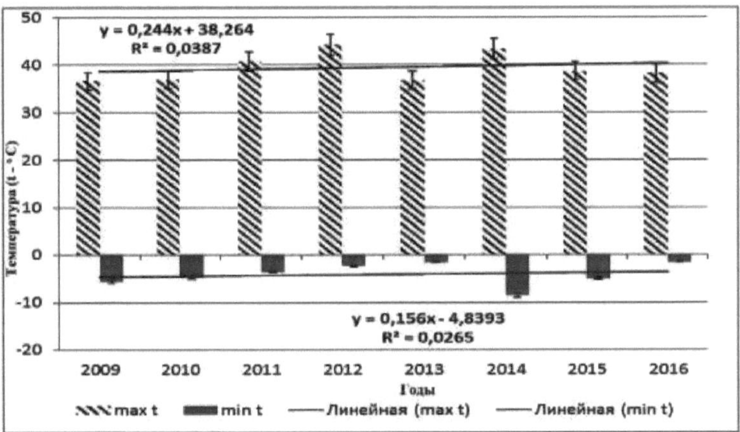

Fig.12. Dinâmica da temperatura média anual da superfície do solo (máxima e mínima) no território do Planalto de Ustyurt (2009-2016).

A fauna moderna do Planalto de Ustyurt inclui 2 espécies de anfíbios, cerca de 35 espécies de répteis, 200 espécies de aves e 44 espécies de mamíferos.

Os dados dos especialistas indicam os habitats de espécies vegetais raras e os principais habitats de espécies protegidas de animais e aves, áreas da reserva paisagística estatal "Saigachiy", reserva ornitológica "Sudochie", que é uma das maiores rotas transcontinentais de migração de aves migratórias asiático-europeias ao longo do Chink Oriental de Ustyurt. Estudos recentes efectuados por ornitólogos revelam que existe uma grande concentração da ave flamingo relíquia nesta área.

Parte noroeste do deserto de Kyzylkum

[2]O noroeste do Kyzylkum é uma vasta planície plana (75 - 100 m acima do nível do mar) que ocupa 350 000 km de área na República do Caracalpaquistão, no Uzbequistão e no Cazaquistão. Kyzylkum situa-se entre o Amu Darya e o Syr Darya. É semelhante ao Zaunguz Karakum em termos da história da formação do carácter paisagístico, do relevo, das peculiaridades da flora e da fauna.

[2]O território da República de Karakalpakstan inclui a sua parte noroeste com uma área de cerca de 2021 km [99, p.96]. A oeste, Kyzylkum confina com terras irrigadas, no extremo sudoeste faz fronteira com a cordilheira de Sultanuzdag, no noroeste faz fronteira com os limites do leito seco do Mar de Aral. O relevo é diverso em termos de forma e de génese. As zonas setentrionais da parte Karakalpak de Kyzylkum estão cobertas de areias montanhosas e de largos leitos de rios secos, e a faixa adjacente ao delta de areias barchan. No sul, erguem-se maciços baixos remanescentes, o mais alto dos quais, Sultanuzdag, com 485 metros de altura. Entre eles, encontra-se um planalto plano coberto de areias de cumeada e de cumeada acidentada. Por vezes, existem extensos buracos, superfícies argilosas de cor cinzenta clara, onde não existe vegetação. As areias de cumeada têm até 5-10 m de altura e até 1000 m de largura. As areias irregulares com 1-5 m de altura e mais de 12 m de diâmetro são formadas por areias soltas à volta de vegetação arbustiva.

A formação do relevo de Kyzylkum foi grandemente influenciada pela meteorização, precipitação e outros factores climáticos. O relevo, por sua vez, determina a distribuição da água e a diversidade da flora e da fauna. O clima do deserto é acentuadamente continental, com Verões quentes e secos e Invernos relativamente frios e sem neve. A quantidade média de precipitação em todo o território do Caracalpaquistão é de cerca de 100-110 mm por ano, caindo principalmente no período inverno-primavera. A temperatura média anual é de 12 graus Celsius (máxima mais 41,5 - 45, mínima menos 22-28). A Fig.13 mostra a dinâmica média anual da temperatura do ar no território da parte noroeste de Kyzylkum.

Fig. 13: Dinâmica da temperatura média anual do ar no território da parte noroeste de

Kyzylkum (2009-2016).

A dinâmica mostra os valores máximos da temperatura média do ar em 2013, 2015 e 2016. O valor mínimo foi registado em 2014. A tendência linear indica um nível de temperatura estável. A seca é um flagelo não apenas para Kyzylkum, a duração do período quente aqui atinge de 200-215 dias a 250-260 dias.

Em ligação com a secagem e o desaparecimento do Mar de Aral, a desertificação tornou-se um dos principais problemas, como um fenómeno negativo que retira do estado produtivo enormes recursos terrestres adequados. O aumento da seca causado pela secagem do Mar de Aral levou a alterações na paisagem, à deterioração das condições ambientais, cuja probabilidade de ocorrência é de 70-80% no território de Kyzylkum. A análise dos indicadores de precipitação para o território da parte noroeste de Kyzylkum para o período de 2009 a 2016 mostrou que foi identificado um pico máximo de precipitação -2016 (até 15,4 mm) (Fig.14). A tendência linear mostra um aumento gradual da precipitação nesta zona.

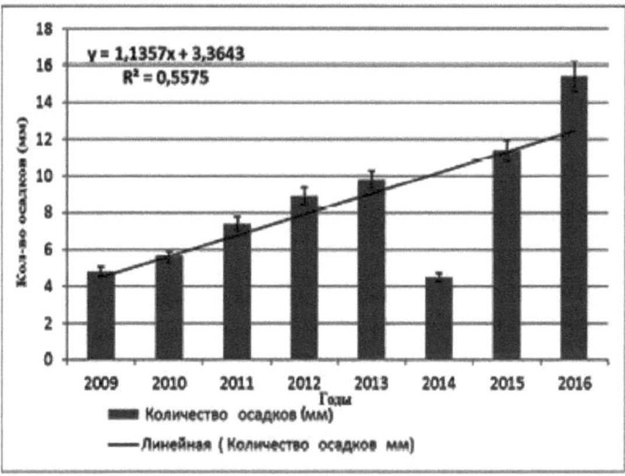

Fig. 14: Dinâmica da precipitação média anual (mm) no território da parte noroeste de Kyzylkum (2009-2016).

A Fig.15 mostra a dinâmica da velocidade média anual do vento no território da parte noroeste de Kyzylkum, o que indica a grande importância ecológica deste fator. A análise da dinâmica mostrou um aumento gradual e lento da velocidade do vento durante o período considerado. A tendência linear também indica um aumento deste indicador.

A cobertura do solo da parte noroeste de Kyzylkum é representada principalmente por solos cinzentos-castanhos. O coberto vegetal é constituído por cerca de 900 espécies de plantas superiores. Entre estas, é caraterístico o complexo de associação saxaulo - rank. As maiores áreas de Kyzylkum são ocupadas por vegetação arbustiva e semi-arbustiva e formação de absinto.

Nos desertos arenosos, são comuns os matos lenhosos-arbustivos psamófilos constituídos por saxaul preto e branco, cherkez, dzhuzgun, acácia-das-areias, etc. A Artemísia, o boyalych, o tereksen e algumas espécies de salicórnia são comuns.

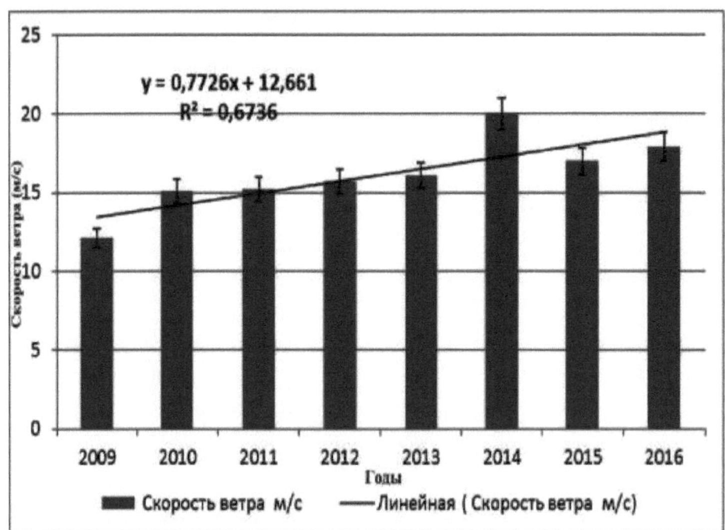

Fig. 15. Dinâmica da velocidade média anual do vento (m/s) no território da parte noroeste de Kyzylkum (2009-2016).

A fim de desviar as águas de drenagem dos colectores dos distritos da margem direita sul de Karakalpakstan para o Mar de Aral, foram reconstruídas infra-estruturas de drenagem e irrigação para restaurar as zonas húmidas. O comprimento total dos canais colectores em Kyzylkums ultrapassou os 250 km. Os volumes anuais de água desviada dos canais colectores de drenagem dependem da disponibilidade de água; em anos de águas altas, excederam os 750 milhões de metros cúbicos. Foram formadas muitas zonas húmidas ao longo do percurso do coletor, cuja área total excedia os 9 mil hectares. A irrigação da região do Norte de Kyzylkum levou a transformações radicais dos seus ecossistemas: ocorreram encharcamentos, surgiram moitas de juncos e taboas nas margens das zonas húmidas, arbustos raros de tamargueira e akbash prevalecem na zona costeira.

A fauna da parte norte de Kyzylkum é representada por espécies típicas do deserto. Aqui, as espécies psamófilas predominam na teriofauna. Das 67 espécies de mamíferos distribuídas por todo o território do Caracalpaquistão, 41 (59,4%) encontram-se em grandes barcanas fixas (insectívoros -3; comedores de homens -7; lebres - 1; roedores -18; predadores - 9; ungulados -3). Entre as aves, destacam-se a toutinegra do deserto, o gaio comum, o tentilhão do deserto e o pardal do deserto. Os répteis são numerosos. Entre os mamíferos predadores, encontram-se frequentemente o chacal, a raposa e o lobo do deserto.

Nos maciços arenosos existem 38 espécies de mamíferos, na planície aluvial com solo denso existem 31 espécies de mamíferos, das quais 18 são roedores (esquilos, moscas da areia, gerbos, ratos almiscarados, etc.).

Assim, a desertificação intensiva de Kyzylkum e a dessecação do Mar de Aral conduziram a uma catástrofe ecológica do ambiente natural e das condições de vida de toda a região do Mar de Aral. No entanto, nos últimos anos, têm-se verificado processos de melhoria do ambiente natural devido a medidas de reconstrução das infra-estruturas de drenagem e irrigação com o objetivo de restaurar e fazer funcionar as zonas húmidas como factores ecológicos importantes para a sustentabilidade dos ecossistemas na região do Mar de Aral.

CAPÍTULO III

ECOLOGIA DOS LOBOS (*CANIS LUPUS* LINNAEUS) NA REGIÃO MERIDIONAL DO MAR DE ARAL

3.1. Sistemática e área de distribuição

De acordo com a nomenclatura zoológica, o lobo pertence ao grupo dos predadores *(Carnivora)*, à família dos canídeos *(Canidae)*, ao género lobo *(Canis)*, e o seu nome latino - *Canis lupus* - foi dado a este predador pelo famoso sistemata sueco de animais e plantas Carl Linnaeus em 1758. Atualmente, a questão da estrutura taxonómica do género *Canis* continua a ser bastante discutível. Os agrupamentos intra-específicos dentro do género *Canis* propriamente dito também não são interpretados de forma inequívoca.

A opinião mais generalizada entre os especialistas é que todos os taxa com as cinco espécies modernas de *Canis (lupus, latrans, familiaris, rufus, hodofilax)* estão incluídos num subgénero nominativo *Canis s. str.* [8, c.605]. As ideias de diferentes autores sobre os limites taxonómicos do "grupo do lobo" são bastante semelhantes no sentido em que as espécies que ocupam deliberadamente uma posição distante da posição central de *Canis lupus* não foram incluídas. O sistema intraespecífico de *C. lupus* ainda não foi desenvolvido de forma satisfatória. É apresentado na íntegra nos trabalhos de apenas dois autores, Pocock (1935) e Mech (1974). Nos seus trabalhos são recolhidos dados muito limitados sobre a variabilidade geográfica e o sistema de espécies do lobo. Ao mesmo tempo, não reflectem materiais sobre as verdadeiras relações intra-específicas, o que requer mais elaboração. Definiram 32 subespécies do lobo, que dificilmente correspondem à verdadeira estrutura taxonómica desta espécie. A sistemática intra-específica do lobo foi também considerada em vários resumos regionais [86, p.293; 18, p.123-193].

Nos últimos 55-60 anos, nos trabalhos de cientistas americanos, são aceites 20 subespécies de lobo, de acordo com o sistema proposto por Goldman em 1944; no território da Europa, são atribuídas até 12-15 subespécies; no território da CEI, é atribuído um sistema fraccionado que inclui 9 subespécies; no Paleártico, de acordo com Geptner (1967), são atribuídas 6 subespécies de lobo. De acordo com Ellerman e Morison Scott (1966), são indicadas 12 subespécies para todo o Paleártico.

São indicadas quatro subespécies no território da antiga União Soviética [86; p.293]. Um ponto de vista mais preciso e generalista é dado por Corbet (1978), que considera que, devido à natureza clinal da variabilidade da maioria dos caracteres morfofisiológicos no Paleártico, não é possível distinguir subespécies discretas. A construção do sistema intraespecífico do lobo envolve muitas complexidades de natureza clinal. Estas incluem a variabilidade das dimensões do corpo e do crânio e a variabilidade da coloração do pelo no território de distribuição. As grandes dificuldades estão associadas à escassez de material morfológico de diferentes partes da área de distribuição (especialmente da Sibéria e da Ásia Central) e de zonas onde os lobos foram completamente ou quase completamente exterminados. Foram utilizados casos isolados na recolha e análise dos materiais, o que representou uma impossibilidade de verificar amostras representativas. Com base nos resultados do estudo de Bibikov D.I. et al. (1985) foi desenvolvido com precisão um sistema intra-espécies do lobo, no qual foram tidas em conta todas as caraterísticas que, em caso de insuficiência de material morfológico e de incomparabilidade dos diagnósticos de subespécies separadas, poderiam clarificar ou determinar o quadro geral de diferenciação das subespécies. Na sua opinião, em toda a área de distribuição, os caracteres de diagnóstico podem ser o comprimento docelobasal do crânio, que pode ser considerado como um indicador do seu tamanho total, e o tipo de coloração do pelo.

As alterações territoriais no tamanho e na coloração dos lobos estão estreitamente relacionadas com as condições paisagísticas e climáticas, que são de natureza adaptativa e reflectem a especificidade da variabilidade adaptativa das suas formas intra-específicas. Os limites das subespécies devem, na maioria das vezes, ser combinados com os limites das áreas geográficas naturais [8, p.605].

Com base na definição da estrutura taxonómica das espécies de *Canis lupus*, de acordo com Bibikov et al. (1985), no território do Priaralie meridional existe o lobo do deserto *Canislupus. Desertorum* Bogdanov, 1882. Na sua opinião, a variabilidade geográfica do lobo apresenta flutuações consideráveis. De acordo com Palvanazov (1974), o lobo do deserto *(C. l. Desertorum* Bogdanov, 1882)* o comprimento do corpo dos machos adultos (9 indivíduos) capturados em diferentes zonas dos desertos da Ásia Central é de 95 -116,5 cm, o das fêmeas (7 indivíduos) de -92,8 -110,7 cm, comprimento da cauda dos machos 29 -34,8 cm, das fêmeas -28,2 -34,0 cm, pata traseira dos machos -17 -22,6 cm, das fêmeas -16,5 -21,7 cm, altura da orelha dos machos -7,1 -9,1 cm, das fêmeas -6,7 -9,0 cm. Peso dos machos 19,5 -31kg, das fêmeas -15,7 - 26,8kg. De acordo com as suas medições (em mm), o comprimento do crânio candilobasal dos machos (9 indivíduos) 186 - 208,2, das fêmeas (5 indivíduos) -184,1 -197,5, o comprimento total dos machos 192,5 - 235,0, das fêmeas -187,8 -219,9, o comprimento básico dos machos 167,1 - 196,0, e das fêmeas -172,8 -185, comprimento da parte facial dos machos 121 - 148, das fêmeas -120 - 135, largura zigomática dos machos 95,3 -126,2, das fêmeas - 92,1 -113,7, largura interorbital dos machos 28 -41, das fêmeas -26,1 -37,4.

O tamanho do crânio do lobo do deserto que habita os desertos da Ásia Central é visivelmente mais pequeno do que o dos animais do Cazaquistão e da Sibéria (o comprimento do crânio dos machos é 15 a 20 mm mais curto e o das fêmeas 20 a 30 mm mais curto). De acordo com Geptner et al. (1967), o lobo do deserto, em comparação com outras subespécies (lobo da tundra, lobo da Sibéria), caracteriza-se por um tamanho mais pequeno e um peso de 15 a 25 kg. O tamanho mais pequeno deste predador pode ser explicado pelo facto de caçar principalmente pequenos ungulados (gazela, saiga), lebres e roedores.

O lobo do deserto tem um dimorfismo sexual bem definido: os machos são maiores do que as fêmeas. O pelo é grosseiro e curto. A coloração é cinzenta clara com uma tonalidade arenosa, com terminações negras dos pêlos da coluna vertebral, principalmente ao longo da crista. A coloração avermelhada é bem visível no escutelo. A face ventral é mais clara do que o dorso. A fronte é cinzenta clara, com uma ligeira pátina arenosa. A parte posterior da cabeça e a parte exterior das orelhas apresentam uma tonalidade avermelhada. A cauda é coberta de pêlos rígidos. A coloração do pelo de verão é um pouco diferente da do pelo de inverno. Assim, as peles dos lobos apanhadas em Ustyurt e Kyzylkum em julho e agosto eram dominadas por uma mistura de tons ferruginosos e ocres, enquanto as dos animais apanhados entre dezembro e fevereiro eram mais cinzentas.

No território atual da CEI e dos países vizinhos, existiam há cerca de 1000 anos três grandes regiões relativamente isoladas de populações de lobos: a tundra, a estepe europeia (estepe florestal) e a Ásia Central. Em cada região, os lobos estavam associados a determinados grupos de ungulados caçados: tundra - com renas, parcialmente com ovelhas da neve, estepe florestal - com ungulados desta paisagem, Ásia Central - principalmente com ungulados do semi-deserto, do deserto e de alta montanha (saiga, gazela, etc.).

Na CEI, o lobo do deserto distribui-se nas planícies da Ásia Central e no sul do Cazaquistão. A fronteira norte da sua distribuição atinge o curso médio do rio Emba, no norte de Priaralie, habita Betpak-Dala, o norte e o sul de Pribalkhashye, Alakul e Zaisan hollows [93, p.326, 94, p.76;124, p.95]. Nos desertos da Ásia Central, os predadores eram sempre menos numerosos do que nas regiões montanhosas. A sua distribuição aqui era limitada pela falta de fontes de água e de abrigos. Além disso, a distribuição do lobo nos desertos da Ásia Central está relacionada com a criação de gado em pastagens, a abundância de ungulados selvagens, a disponibilidade de locais convenientes para a criação de crias e de água potável. É mais comum em Ustyurt, na planície de inundação do curso inferior do Amu Darya, em torno de pequenos lagos na costa de Aral, no oeste do Turquemenistão, no sopé das montanhas, onde existem condições para a sua existência sustentável. No inverno, os lobos deslocam-se para as planícies aluviais dos rios, onde se concentram o gado, os javalis, as lebres e outras presas, e na primavera seguem os rebanhos de ovelhas. No verão, o lobo está ausente nas zonas sem água do centro e sul de Kyzylkum, Zaunguz e Karakum oriental e nas areias de Uchtagan. Fora da CEI, os habitats do lobo do deserto são o Afeganistão e o Irão. Foram encontrados restos fósseis de lobos em diferentes locais do deserto. Nos sedimentos quaternários do vale de Zarafshan, foram recolhidos fragmentos do crânio e do maxilar inferior, dentes, etc., durante as escavações da pedreira de Pejikent. - Um total de 115 fragmentos de nove indivíduos. A composição de espécies da fauna e o carácter de conservação dos ossos permitem atribuir o enterramento de Penjikent ao Pleistoceno Médio [4, p.60-63].

Assim, o lobo está presente nos desertos da Ásia Central desde o Pleistoceno. O lobo da pedreira de Penjikent pertence a uma pequena forma próxima do lobo do deserto.

Durante o estudo do lobo do deserto, estabelecemos a área de distribuição e a densidade aproximada deste predador no sul do Priaralie. O limite norte da área de distribuição inclui a parte noroeste dos distritos de Ustyurt (Karakalpakia, Jaslyk),

Muynak (Uchsai, Kyzylzhar, Karadzhar, Shege, Kazakhdarya) e Kungrad. A fronteira sul inclui os distritos de Turtkul, Beruni e Ellikala (Jambas kala). A área de distribuição central inclui os territórios dos distritos de Takhtakupyr, Chimbay, Karauziak e Kegeyli. É de notar que os territórios mais ocupados pelos lobos são os distritos de Kegeyli, Chimbay, Kungrda e Muynak. Este facto deve-se principalmente ao desenvolvimento da criação de gado e a uma base alimentar estável (roedores, aves, répteis, bem como plantas). Registaram-se casos de lobos-das-estepes do Cazaquistão e do Turquemenistão que entraram no território de Ustyurt e Dzhanbas kala em busca de alimento e perseguindo saigas (Fig. 16).

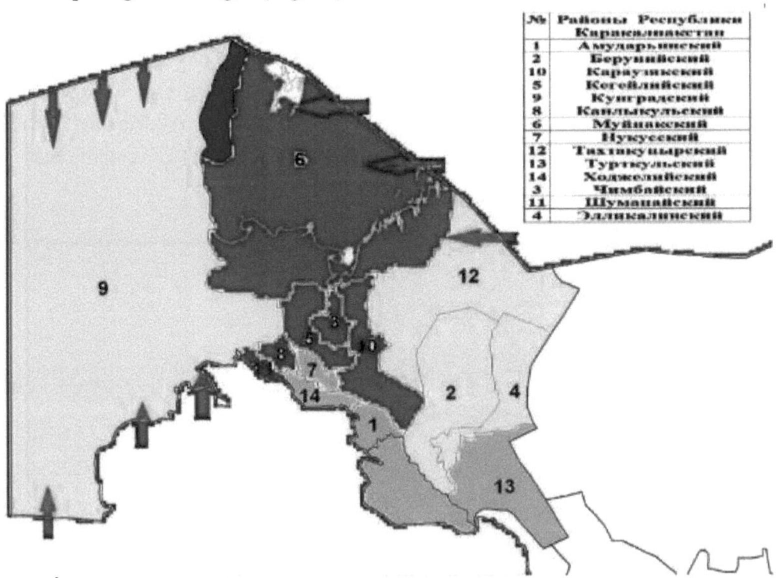

Fig. 16: Área e densidade da população de lobos na República de Karakalpakstan

A densidade populacional estimada do lobo é de 0,05-0,06 indivíduos por 1000 ha.
A densidade populacional estimada do lobo é superior a 0,05-0,06 indivíduos por 1000 ha.
A densidade populacional estimada do lobo é inferior a 0,05-0,06 indivíduos por 1000 ha.

Entradas de lobos das estepes e do deserto do território do Cazaquistão e do Turquemenistão

De acordo com Palvanazov M. (1974), a densidade relativamente elevada da população de lobos foi observada em biótopos do deserto de gesso (Ustyurt, Betpak-Dala e sopés das colinas que fazem fronteira com os desertos), em fendas e planaltos, em matagais de juncos. Nestes biótopos, os lobos encontram condições de vida óptimas. O predador tinha à sua disposição um número considerável de ungulados selvagens e domésticos, lebres, roedores e aves, e também dispunha de água a toda a hora. Estes biótopos representavam reservas, a partir das quais as reservas do predador são reabastecidas, uma vez que é aí que se encontra disponível o maior número de buracos para as suas crias. Recentemente, porém, o carácter da área de distribuição do lobo mudou um pouco devido à secagem intensiva do Mar de Aral e dos lagos adjacentes. Estas condições levaram a uma redução da área de distribuição do predador, tendo a sua concentração sido observada principalmente perto de fontes de água, onde existe uma base alimentar mais aceitável.

No decurso de estudos expedicionários, encontrámos vestígios de atividade do lobo perto da costa das zonas húmidas do Sul de Priaralie. De acordo com as nossas observações, os lobos permanecem frequentemente ao longo da fenda oriental de Ustyurt - perto de Sudochie, Karateren, Zhaltyrbas, Garkyldak kul e outros lagos. Nos desertos, os lobos preferem ficar em espaços abertos com pouca vegetação, onde podem ver as presas ou detetar o perigo à distância. Nestes territórios, os lobos fixam-se principalmente em ravinas, areias montanhosas cobertas de saxaul, mas sempre perto de água (Fig. 17).

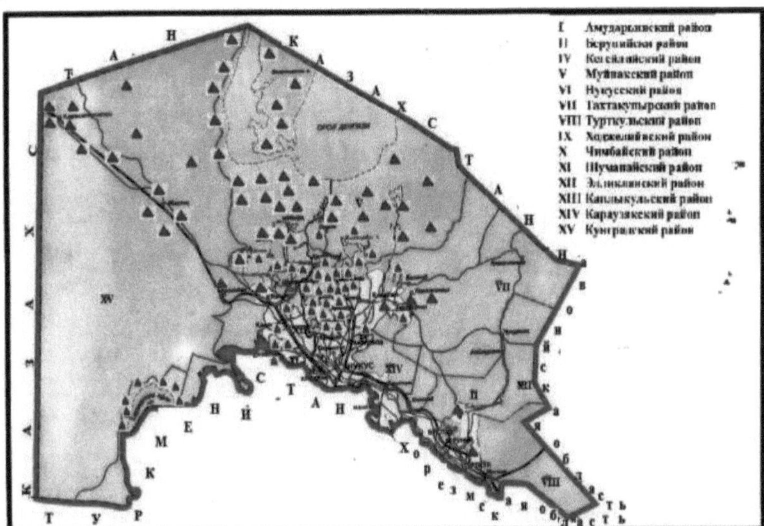

Fig. 17: Ocorrência de lobos no território da República de Karakalpakstan de acordo com os resultados do questionário e do método de inquérito A Lobos encontrados

De acordo com os dados do questionário e as nossas observações na zona desértica, os lobos ficam frequentemente perto de poços artesianos, onde outras espécies de animais (gazelas, saigas, etc.) vêm beber água, bem como perto de acampamentos de pastores e de rebanhos de criadores de gado.

Os especialistas observam que, nas planícies aluviais do Amu Darya, os locais de abrigo deste predador estavam principalmente confinados a arbustos e caniços. Era frequentemente encontrado perto das margens dos lagos, onde se alimentava de restos de peixe e caçava aves aquáticas. O lobo evitava os matos ripícolas contínuos e monótonos, preferindo locais onde pequenas manchas de povoamentos alternavam com clareiras [93, p.326].

De acordo com os nossos dados, devido ao facto de o território dos matagais de tugai ter diminuído drasticamente e de a maior parte deles ter sido transferida para zonas protegidas e explorações de caça florestal, a frequência de avistamentos de lobos diminuiu. Isto explica-se pelo facto de o fator de perturbação antropogénica ser muito importante na sua dispersão nestes territórios.

Assim, pode notar-se que a área de distribuição da população de lobos no Priaralie meridional está intimamente relacionada com a presença e a localização de massas de água e de bases forrageiras óptimas. A dimensão do território ocupado pelos lobos varia consoante a disponibilidade de condições de forragem.

3.2. Nutrição

A nutrição é uma das condições mais importantes na atividade vital dos mamíferos. A natureza da nutrição é determinada pela atitude de uma dada espécie em relação às fontes de substâncias alimentares necessárias e determina a posição deste animal nas biocenoses - agrupamentos naturais de organismos [3, p.396]. A ração de forragem depende, antes de mais, da disponibilidade de forragem no habitat do lobo. Está estabelecido que a dieta do lobo inclui ungulados selvagens e domésticos, incluindo a lebre - tolai, roedores, répteis e aves. Para além disso, a sua dieta inclui mamíferos predadores (raposa, corsário, gatos, chacal, cães). Quando os alimentos são escassos, alimenta-se em pequenas quantidades de peixes, insectos, moluscos e come plantas (ventosas, legumes, cereais). De acordo com os nossos dados, o lobo utiliza de forma ligeira os recursos forrageiros em todas as zonas naturais do seu habitat.

Durante o estudo, foi registada a frequência de ocorrência de um determinado tipo de alimento, ou seja, foi avaliada a composição qualitativa da dieta. Segundo Palvanazov (1974), os ungulados selvagens ocupam, em média, 41,0 % da dieta anual do lobo em Ustyurt: saiga 23,7 % e gazela 17,3 %. As principais presas do lobo em Ustyurt são as saigas e os pequenos mamíferos, como a lebre tolai, o gopher amarelo, o lanço de areia, a ratazana do meio-dia e outros roedores. O mesmo responsável referiu ainda que as gazelas, devido ao seu reduzido número, praticamente deixaram de fazer parte da dieta do lobo.

Como resultado da nossa análise da composição qualitativa da base forrageira do lobo, verificou-se que, em Ustyurt, a predominância de forragem natural é de 80%, incluindo saiga e gazela e, em alguns locais, javalis, enquanto os recursos forrageiros de origem antropogénica ocupam cerca de 20% (Fig. 18. A). Uma análise comparativa com os dados de Palvanazov (1974) mostrou que existe uma diminuição do consumo de ungulados selvagens devido a um declínio do seu número. O segundo lugar na dieta do lobo, depois dos ungulados, pertence à lebre-tolai.

No Priaralie meridional, a abundância de lebre-tolai tem uma importância significativa para o lobo, uma vez que, segundo os especialistas [93, p.320], se verificou que, em anos de maior abundância de lebre, o número e a gordura do lobo são superiores aos registados em anos de baixa abundância de lebre-tolai.

Durante as expedições efectuadas nos anos do estudo, observámos um grande número de lebres na parte central do Priaralie meridional. [olo] [I]Os excrementos de lobo que encontrámos (N 43 15 46, E 059 19) continham também restos de pelo de lebre. Este facto está de acordo com os dados de Bibikov D.I. et al. (1985) sobre a especialização alimentar, afirmando que a ocorrência de lebres nas fezes de lobo recolhidas em Ustyurt é de 12,4%, 16% na primavera, 4,6% no verão e 16,4% no outono. Também observou que os lobos têm menos probabilidades de perseguir ungulados selvagens em anos de abundância de lebres.

De acordo com os dados da literatura [93, p.326, 94, p.76], os ungulados selvagens perdem visivelmente a sua prioridade na dieta do predador à medida que este se desloca para a parte sudeste do Caracalpaquistão, enquanto os animais domésticos e os pequenos mamíferos se tornam os principais componentes da dieta. Como evidenciado pelos resultados dos nossos estudos, no território do Priaralie Meridional esta tendência manifesta-se não só na direção de norte para sul, mas também na direção de oeste para leste.

A análise quantitativa da dieta do lobo na parte central da região do Priaralie Sul mostrou que a maior parte pertence a recursos forrageiros de origem antropogénica (cerca de 56%), e os restantes 44% a forragens de origem natural (Fig. 18. A, B).

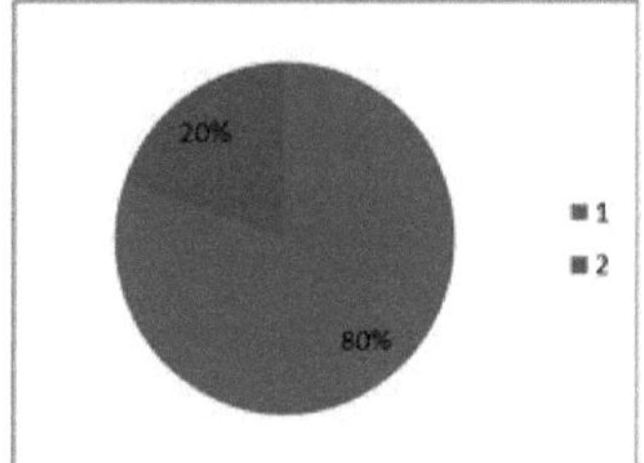

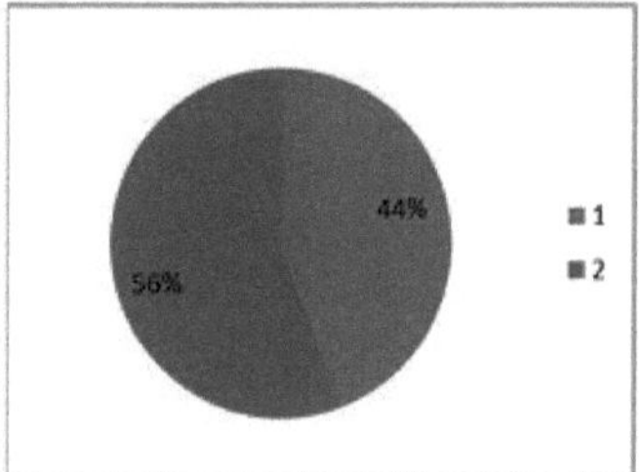

(■ 1) (■ 2) Fig. 18: Proporção (%) de forragens naturais e antropogénicas na dieta do lobo em diferentes zonas naturais do Priaralie meridional
Nota: A-Zona Norte, B-Zona Centro

A principal diferença na especialização forrageira das diferentes populações de lobo no Priaralie meridional diz respeito ao rácio entre a frequência de ocorrência de recursos antropogénicos e naturais na

A dieta do predador, enquanto as diferenças na composição das espécies de forragens naturais são de importância secundária (Fig. 19).

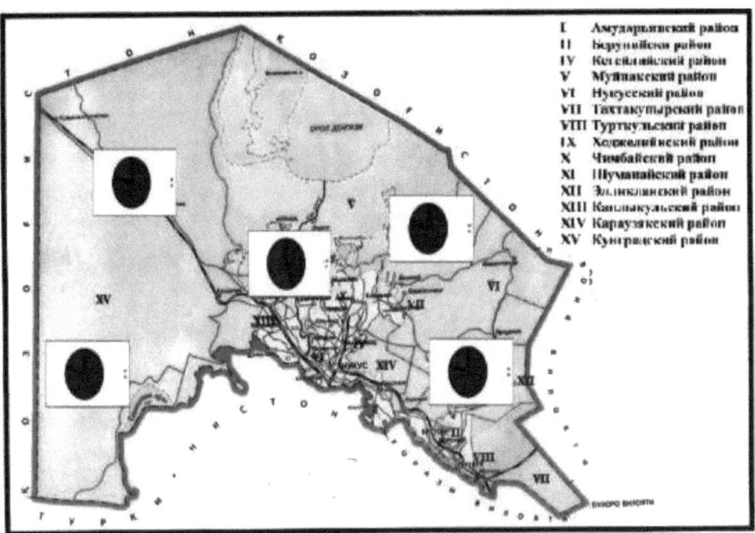

Fig.19. Rácio (%) de forragens naturais (□ 1) e antropogénicas (2) na dieta do lobo em diferentes zonas naturais da República da Moldávia.
Caracalpaquistão

De acordo com Bibikov D.I. et al. (1985), os principais animais domésticos vítimas do lobo são as seguintes séries descendentes: ovelhas, vitelos, potros, burros, vacas, cavalos, cães e aves de capoeira.

Foram também estabelecidas algumas diferenças no espetro alimentar das alcateias e dos indivíduos solitários e das associações temporárias de pereyarka. Em geral, os ungulados domésticos dominam a dieta do lobo na parte central do Priaralie Meridional, devido ao desenvolvimento intensivo da criação de gado. De acordo com os dados do inquérito por questionário no território de Uchsay (distrito de Muynak), a frequência de lobos solitários é elevada. Os indivíduos solitários preferem os animais domésticos, principalmente os pequenos (cães, gatos, cabras, ovelhas, potros), como presas mais fáceis do que os ungulados selvagens, cuja caça exige um parceiro. As associações temporárias de pereyarka caracterizam-se por uma percentagem significativa de animais domésticos na dieta.

Durante a expedição ao longo da rota Nukus - Turtkul - maciço de Janbas kala (cerca de 240 km) de 2009 a 2016, explorámos o território da JSC "Kasym Nurumbetov", localizado no distrito de Turtkul, na parte sudeste da República de Karakalpakstan. Embora o território se situe numa zona desértica, mas devido a pequenos lagos, é caracterizado por caraterísticas de um oásis com uma flora e fauna ricas.

Com o apoio e a assistência do agricultor Matirzaev Azamat, foram efectuados inquéritos junto de pastores e residentes da povoação de Dzhanbas kala. Os resultados do inquérito revelaram a ocorrência de lobos solitários não territoriais que estabelecem covis temporários durante o período de reprodução em torno do lago Shurkul. Esta situação parece dever-se à abundância de forragens e às condições de proteção de que dispõem. De acordo com os pastores, em março de 2009, foram observados lobos solitários a atacar uma manada de animais domésticos. De uma manada de 40 bovinos pertencente a Adilbek Zhumaniyazov, um pastor, 6 bovinos foram comidos por um lobo. As vítimas foram duas vacas com vitelos, duas vacas com a barriga esventrada e uma outra com o úbere arrancado. Um único lobo atacou durante 15 dias, com intervalos de 2 dias.

Realizámos também um inquérito por questionário aos pastores dos distritos de Kegeyli e Chimbay de Karakalpakstan (Aspantai, Shakaman). De acordo com os resultados da análise do questionário, verificou-se que também aqui se registaram ataques de lobos a animais domésticos. De acordo com Nurzhanov Khozhagaliy, diretor da quinta "Zhakhan", situada no distrito de Kegeyli, em 2010 verificou-se que 15 potros foram comidos por pequenas matilhas de lobos (20-30 animais no total). De acordo com relatos orais de residentes da quinta "1-Maya" no distrito de Chimbay, 2 burros foram comidos por uma alcateia de lobos (9 animais) em agosto de 2010. De acordo com os dados do residente Ensepbaev J., que vive na povoação de Shakaman, 2 potros foram comidos por lobos em 21 de janeiro de 2011. Também no território da quinta Kuralpa, no distrito de Karauziak, em fevereiro de 2011, dois lobos atacaram o gado de residentes locais. De acordo com o pastor de Shakaman Rasbergenov Khozhabay, em 2004, num verão de apenas 44 dias, cerca de 200 cabeças de gado (principalmente potros, ovelhas, etc.) foram devoradas por lobos.

Além disso, de acordo com os dados do questionário, descobrimos que havia casos frequentes de ataques de lobos ao gado na aldeia de Uchsai, no distrito de Muynak. Por exemplo, só em 1994-1995 os lobos comeram 2 vacas, uma das quais estava grávida, e em 2002 os lobos comeram 5 bovinos, incluindo 3 vacas e 2 touros, no agregado familiar do residente Sarykulov Jenis.

Os lobos comem roedores em todos os territórios que estudámos. De acordo com as nossas observações e, de acordo com os dados da literatura, os roedores ocupam o segundo lugar por ocorrência na dieta anual, que é de 24% [93, p.326]. De acordo com Bibikov et al. (1985) a sua presença na dieta varia normalmente entre 2-3 e 10%.

Verificou-se que, no território do Priaralie meridional, prevalecem na alimentação do lobo as seguintes espécies de roedores: gerbos grandes, de cauda vermelha e de pente, esquilos amarelos, pequenos e de dedos finos, saguis, ocasionalmente ratazana de dentes lamelares, rato almiscarado, rato doméstico, ratazana do meio-dia e pé cego. Entre as aves, a sua alimentação inclui cotovias e pardais do campo. Entre os répteis - tartaruga, lagartos e cobras, comem vários escaravelhos e gafanhotos. Entre as plantas, os cereais verdes, os frutos de alce e de amoreira são frequentemente consumidos. O lobo come ocasionalmente raposa (0,9%), corsak (0,8%), doninha das estepes (1,0%) e ouriço-cacheiro (0,9%). Entre os ungulados, os javalis adultos (8,1-14,5%) e os leitões (2,6-35,5%) são de grande importância na dieta do lobo [93, p.326].

Assim, verificamos que a lista de alimentos do lobo varia consoante as estações do ano em toda a área de estudo do Priaralie Sul. No entanto, a dieta do predador é semelhante no seu carácter geral, e a diferença para cada estação é determinada apenas pela variedade de recursos alimentares locais disponíveis nessa altura do ano.

No inverno, os ungulados selvagens e os roedores dominam a dieta do predador, que ataca frequentemente ovelhas e cabras, aves e come carniça. Na primavera, a saiga, o javali e a lebre têm também uma importância primordial na dieta do lobo, mas nesta altura o lobo também se alimenta de ovelhas. No verão, os lobos reúnem-se em áreas com furos de água acessíveis, onde são mantidos rebanhos de ovelhas e onde as saigas se reproduzem. No verão, os lobos concentram-se em zonas com furos de água acessíveis, onde são mantidos rebanhos de ovelhas e saigas reprodutoras.

No outono, para além dos ungulados, os roedores e as lebres são frequentemente encontrados na alimentação deste predador, e a proporção de aves de rapina, répteis e insectos diminui significativamente. Os ataques de lobos a ungulados selvagens tornam-se muito mais raros nos anos de reprodução maciça de lebres. Nos últimos anos, de acordo com as nossas observações e estudos populacionais na parte central da região, o número de lebres manteve-se elevado. Encontrámos também numerosos restos de lebres nas fezes dos lobos.

Durante o período de reprodução e de criação das crias, a dieta do lobo muda de animais de grande porte para animais de pequeno porte. Isto deve-se a várias razões:

1. Como consequência de um estilo de vida sedentário ligado a uma toca;

2. Durante o estilo de vida não gregário, há uma diminuição drástica na disponibilidade de presas de grande porte para os indivíduos solitários;

3. Os lobos durante o período de lactação e de criação das suas crias têm necessidade de forragens diversificadas e nutritivas (ricas em vários oligoelementos, minerais e vitaminas), que são pequenos animais e vegetação. Este último aspeto é mais caraterístico não só do lobo, mas também de outros predadores terrestres.

Uma das fontes importantes de alimentação do lobo é a carniça. A presença de carniça nas terras está relacionada com a morte natural de vários animais selvagens, com a criação de reservas alimentares pelo próprio predador durante o período de excesso de presas e como resultado da atividade humana.

Sabe-se que no final do inverno e na primavera, antes do aparecimento de animais jovens na fauna selvagem e do início do pastoreio, quando os restos de animais mortos começam a derreter debaixo da neve, a carniça é o alimento mais importante para os lobos. Para além da descoberta acidental de carcaças de animais mortos, em que os lobos são ajudados por aves, os lobos visitam repetidamente os locais de caçadas anteriores bem sucedidas e comem os restos deixados por eles durante o período de abundância de alimentos.

De acordo com as nossas observações e com os relatos orais dos pastores dos distritos de Kegeyli (Aspantai) e Chimbay (Shakaman), os lobos que habitam os seus territórios raramente se alimentam de carniça, devido ao facto de haver aqui um excesso de base forrageira. Na parte norte do Priaralie meridional, no território de Ustyurt, em condições de juta e gelo, a carniça também faz parte da dieta do lobo.

A dieta diária do lobo continua a ser controversa, de acordo com diferentes dados da literatura. Os especialistas dão os seguintes exemplos: uma alcateia (7-8 lobos) pode comer a carne de uma carcaça inteira de cavalo, dois lobos podem comer de cada vez uma carcaça de javali com 30-40 kg [18, p.123-193]. De acordo com os nossos dados e relatos orais de residentes da quinta "1-May" do distrito de Chimbay, em agosto de 2010, uma alcateia de lobos (9 indivíduos) comeu 2 burros (adultos). A suposição de que os lobos esfomeados podem comer comida suficiente é duvidosa, mas os lobos esfomeados podem comer numa refeição uma quantidade de comida que excede a norma diária habitual [8, p.605].

Os lobos são os maiores e mais hábeis caçadores. Quando apanham as suas presas, normalmente abrem o estômago para chegar ao fígado e a outros órgãos internos. De acordo com os autores, "se tiverem muita fome, os lobos comem todos os órgãos - ossos, pele, pelo, o que estiver disponível - e o mais depressa que puderem". Se comerem bem, primeiro comem os órgãos internos e a carne, depois o resto, e mais tarde voltam para comer o que sobrou. Não comem os chifres, ossos muito grandes ou fileiras de dentes de uma vítima adulta." [151, c. 472].

Muitos cientistas acreditam que os lobos comem grandes quantidades de lã e peles, o que é confirmado por análises de fezes de lobo. De acordo com os nossos dados, o estômago de um lobo capturado na zona de Aspantay em maio de 2011 foi analisado e revelou conter restos de pele, pequenas costelas e pedaços de carne da vítima. No total, a massa do estômago com o seu conteúdo pesava 1 kg. O conteúdo do estômago separadamente totalizava 300 g. Os cientistas observaram também que o canibalismo ou o ato de comer os seus parentes mortos é provavelmente comum entre os lobos. Um lobo ferido evita sempre os seus companheiros e junta-se a eles quando as feridas estão um pouco curadas. Durante o cio, o canibalismo nos lobos também é possível com indivíduos perfeitamente saudáveis. Por vezes, observa-se canibalismo da mãe em relação a crias com desenvolvimento incompleto [34, p.500]. De acordo com os nossos dados de observação e inquérito, não foi detectado canibalismo na região estudada.

Resumindo o que foi dito acima e de acordo com as nossas observações, a percentagem mais elevada de forragem de origem antropogénica (animais domésticos, plantas cultivadas, resíduos domésticos) na dieta do predador é inerente à população da zona da parte central do Priaralie do Sul, onde se situam as povoações, e a percentagem mais baixa pertence à população Ustyurt do lobo.

Assim, ficou estabelecido que os animais domésticos dominam a dieta dos lobos, o que parece estar associado à deterioração da base forrageira de origem natural, incluindo a secagem da maioria dos lagos e devido a alterações no regime hidrológico na região do Priaralie Sul. Isto é confirmado pelo facto de se observar uma maior concentração de alcateias de lobos em torno dos pequenos lagos preservados, onde a dieta forrageira é mais estável.

3.3. Reprodução e estrutura etária e sexual

Até à data, os processos reprodutivos da população de lobos foram suficientemente estudados, mas nas condições do Priaralie meridional, o estudo desta questão requer informações mais recentes. Como é sabido, as fases de reprodução nas diferentes populações geográficas diferem muito em termos de tempo e intensidade. Os lobos são animais monogâmicos, formando pares durante muitos anos. Em caso de morte de um dos parceiros, encontra outro par.

De acordo com numerosas observações, foi estabelecido que as lobas da mesma alcateia têm cios em alturas diferentes (precoce e tardio). O cio precoce é observado nas fêmeas adultas, enquanto o cio tardio é observado nas jovens lobas. Isto deve-se ao facto de o cio tardio nas jovens lobas ser uma adaptação da espécie e poder compensar a perda da população total de lobos. Para além disso, existe uma outra capacidade de adaptação, que é observada quando a densidade populacional é elevada e não existem áreas livres no território, não havendo participação de fêmeas jovens mas sexualmente maduras na reprodução [147, p 834].

De acordo com a literatura, o cio de cada par de lobos dura cerca de um mês. O cio consiste no período pré-cio, ou seja, o estado pré-flutuante da fêmea e o seu próprio cio, para o qual o acasalamento é calendarizado [8, p.605].

De acordo com Palvanazov (1974), verificou-se que o cio dos lobos na região do Mar de Aral se observa na primeira quinzena de janeiro e dura cerca de duas semanas. De acordo com os dados do nosso questionário e os relatos orais de Khozhabai Rasbergenov, um pastor (distrito de Kegeyli), o cio na parte central do Priaralie Meridional começa aproximadamente no início de fevereiro e o período de cio termina na segunda década de fevereiro. A mesma informação é dada por Ryabov K.A. (1980), onde, de acordo com os seus dados, na região central da Terra Negra, o início do cio nas lobas ocorre entre 8 de fevereiro e 17 de março. Os lobos (fêmeas e machos) de diferentes alcateias, em número de cerca de 15 indivíduos, reúnem-se na alcateia perseguidora. Durante sete anos (2009-2016), registámos uma alcateia de cerca de 15 indivíduos no início de fevereiro no território da quinta Aspantai (distrito de Kegeyli).

Em todos os casos, o bando de perseguição foi observado de manhã e à tarde nos viveiros e nos cruzamentos. São também conhecidos desvios destas datas, que são indicados nos trabalhos de especialistas [93, p.326; 111, p.75]. Por vezes, as lobas têm um cio mais cedo (fim de dezembro - início de janeiro). Mas tais desvios não foram observados na nossa região. Os casos considerados de cio ocorreram no mesmo período.

A época do cio varia consoante o habitat. De acordo com Bibikov D.I. et al. (1985), o início mais precoce do cio é observado em dezembro (sul do Cáucaso, Ucrânia, Cazaquistão e Ásia Central) e mais tarde no final de dezembro (regiões meridionais das partes europeias da Rússia e da Ucrânia). Embora, de acordo com as nossas observações, em 18 de março de 2011, em Shakaman (distrito de Chimbay), os pastores tenham apanhado uma fêmea numa armadilha com mais de dois anos de idade (overyarok). Ao examinar o indivíduo, verificou-se que a fêmea estava grávida (a gravidez durou cerca de 30 dias). O peso total da fêmea era de 33 kg, enquanto que, segundo Palvanazov (1974), o peso médio de uma fêmea não grávida de lobo do deserto deveria ser de 20,3 kg. A gravidez da loba dura 62-65 dias. Na região de

Priaralie do Sul, caracteriza-se por 62-75 dias. O nascimento das crias na região de Priaralie do Sul ocorre no início e em meados de abril. As crias nascem cegas e adquirem a visão entre o 9º e o 12º dia. Durante mais de um mês, as crias alimentam-se apenas de leite materno, depois habituam-se gradualmente a alimentos cárneos, inicialmente mastigados e regurgitados pelas mães, e parcialmente a alimentos vegetais. No início de junho, começam a visitar regularmente os locais de abeberamento situados a 50-100 metros da toca. Aos três meses de idade, as crias de lobo atingem o tamanho de um cão médio e necessitam de mais alimentos. Até outubro, ou seja, até aos 5-6 meses de idade, os jovens lobos permanecem na toca e vivem das presas que lhes são trazidas pelo casal de progenitores.

De acordo com os especialistas, o número de crias numa ninhada varia entre 2 e 9, mais frequentemente 6-7, com um valor médio de 5,9. A fecundidade das fêmeas depende, em primeiro lugar, da oferta de alimentos durante o período de reprodução, bem como da idade da loba, da densidade da sua própria população e da intensidade do extermínio humano [18, p.123-193; 8, p.605, 113, p.1-3; 13, p.70-71, 130, p.20, 140, p.7-9].

De acordo com os dados do questionário, em 2007, foi encontrada uma toca com 10 crias (5 fêmeas e 5 machos) perto do Lago Tabankul, no distrito de Chimbay (antiga quinta estatal, Pravda). A localização desta toca é mostrada na Fig. 20.

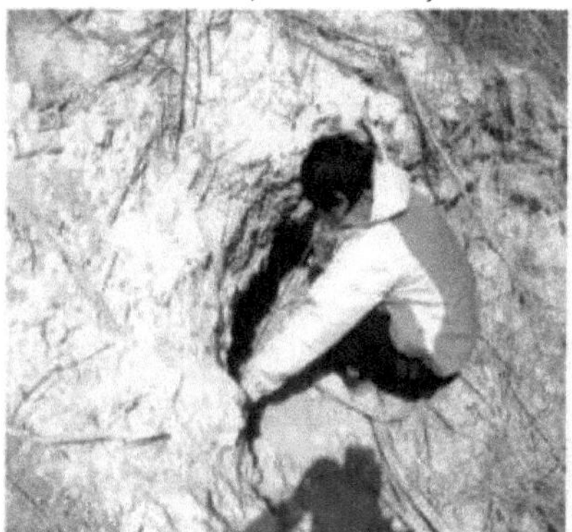

Fig. 20: Toca de lobo descoberta no distrito de Chimbay

No distrito de Karauziak, foi também descoberta em 2010 uma toca no território da exploração florestal de Nurumtubek, em Nurumtubek, que era habitada por dois adultos e duas crias. Verificou-se que ambas as crias eram machos (relatório oral do guarda-caça Atashov A.).

Com base em observações a longo prazo da estrutura etária e sexual desta população, foi estabelecido que, no sul da região do Mar de Aral, a fecundidade média do lobo é de 5,9 crias, tal como confirmado pelo
por dados bibliográficos. O tamanho das crias varia de ano para ano. A mortalidade mantém-se elevada durante o primeiro ano de vida. Em média, 1-2 em cada 6-7 crias nascidas numa ninhada atingem a maturidade sexual (2 anos de idade), raramente 3.

Uma grande percentagem é atribuída à mortalidade das crias jovens. De acordo com os nossos estudos, a mortalidade embrionária é baixa, com uma média de 5%. De acordo com Bibikov et al. (1985), na parte norte da região do Mar de Aral, a mortalidade embrionária pode atingir 13% devido às condições climáticas rigorosas e à escassez de forragens. É também possível que a fecundidade dependa da idade das lobeiras, da densidade populacional e da intensidade da exterminação humana.

A composição por sexo e idade da alcateia modelo Aspantai-Shakaman foi estudada durante o período 2009-2016. A análise do rácio entre machos e fêmeas (**d:$**) na população de lobos mostrou que, inicialmente, havia uma ligeira predominância de machos (5:3). Um declínio acentuado devido à caça furtiva intensiva por parte dos pastores e da população local foi acompanhado por um aumento da proporção de fêmeas na descendência (1:2,5). Desta forma, as populações procuraram compensar as suas perdas, que foram observadas em 2011-2012. Para além disso, a composição do bando estudado era constituída por 10 indivíduos, incluindo 1 macho materno, 1 fêmea materna, 3 perejar e 3 entrantes, 1 macho adulto, 1 macho velho (Fig. 21). Este tipo de alcateia é caraterístico de todas as áreas de distribuição do lobo.

A composição por sexo e idade da população de lobos é formada sob a influência dos parâmetros de fertilidade e mortalidade. Se a dimensão da população de lobos se mantiver estável todos os anos, a taxa de natalidade é igual à taxa de mortalidade de ano para ano. De cada par parental de lobos, no final da sua vida, resta também um par de indivíduos reprodutores. As observações mostraram que, nos anos seguintes, a composição das alcateias se alterou em termos de acréscimo de indivíduos e de transição de adultos para alcateias recém-formadas, bem como de mortalidade de indivíduos.

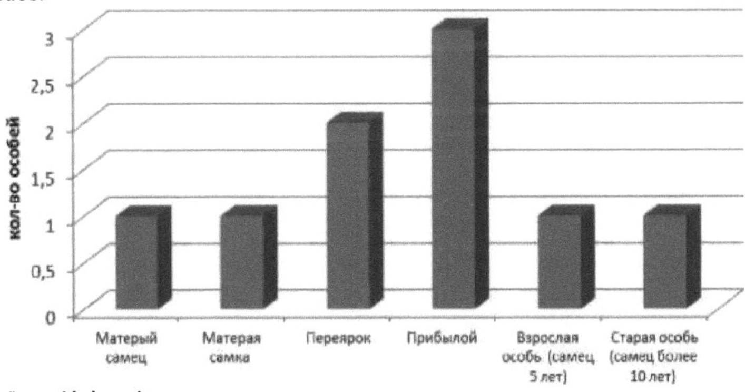

Figura 21. Índices médios da estrutura sexual e etária das alcateias de lobos de Aspantai - Shakamanskaya

De acordo com os especialistas [111, p.75], uma loba participa em três épocas de reprodução durante a sua vida média (4,16 anos) e gera cerca de 15 crias. Até à maturidade sexual, 87% da ninhada não chega a atingir a maturidade ou tem de morrer. A mortalidade da ninhada pode não ser distribuída uniformemente ao longo dos anos. Pode haver períodos alternados de aumento do número de crias com períodos de diminuição. A longevidade de um indivíduo pode também aumentar (até 5,3) e diminuir (até 3,6 anos) periodicamente, alterando o rendimento de crias por loba e, consequentemente, o curso da dinâmica populacional.

Este facto é confirmado pelos dados de Ryabov (1980). Como ele observou, uma alcateia é uma família de lobos que inclui as mães (par de progenitores), os recém-chegados (crias até um ano de idade) e 2-3 perejarks (crias da geração anterior). Ocasionalmente, uma alcateia pode incluir indivíduos individuais de ninhadas anteriores, geralmente machos. Em 2003, um Pereyar macho deste bando caiu numa armadilha e perdeu o segundo dedo do pé esquerdo dianteiro. Estudámos mais detalhadamente os vestígios da atividade dos machos (pesca, ninhadas, alimentação, etc.) de acordo com esta caraterística. Durante os 2-3 anos seguintes, foram efectuadas observações do bando, que aumentou para 15-20 indivíduos. A partir destes bandos, os machos e as fêmeas sexualmente maduros de Pereyarka formaram novos bandos com indivíduos de outros bandos.

Assim, o número de cada bando era controlado pelos próprios indivíduos. ∞Em 2007, no final de junho, o pastor Rasbergenov Khozhabay encontrou uma toca (na coordenada N-43 15I, E- 59 19I 21) com 10 crias. A proporção entre os sexos era de 1:1. Observações repetidas dos rastos de lobo da alcateia de Aspantai-Shakamanskaya revelaram que a alcateia era constituída por um casal de progenitores (1 fêmea materna e 1 macho materno), 1 companheira, 1 macho adulto (4-5 anos), 1 fêmea de sobrecasaca (mais de 2 anos). Em maio de 2011, os pastores locais capturaram um lobo com 4-5 anos de idade, proveniente destas alcateias. Este facto confirmou as conclusões de que podem existir machos de ninhadas anteriores na alcateia.

Em 2011, a 18 de março, uma fêmea grávida Pereyar deste bando (com mais de 2 anos de idade) também foi apanhada numa armadilha. Como consequência, aparentemente, não havia mais fêmeas reprodutoras neste bando, pelo que não houve ninhada, e a fêmea mãe não participou na reprodução devido à idade avançada. No que respeita a estes dois últimos indicadores, mesmo em grandes amostras reunidas ao longo de vários anos, o rácio entre um grupo etário e o anterior flutua por razões aleatórias. Este fenómeno é particularmente notório em amostras pequenas, em que o número de adultos é tão reduzido que é necessário suavizar as flutuações aleatórias através da igualização das séries etárias pelo método dos mínimos quadrados. Foi encontrada uma progressão geométrica decrescente que melhor se ajusta ao número real de animais nos seis grupos etários. A medida de melhor ajuste é o χ-quadrado, que tende a minimizar o valor desejado de sobrevivência média para o intervalo de idades de 2+ a 7+. A idade materna média varia de forma semelhante à taxa de sobrevivência. No entanto, a relação entre as duas não é direta. Além disso, são aqui incluídos os animais com mais de 8 anos de idade. A taxa de sobrevivência pode ser usada para estimar a intensidade do extermínio e a idade média pode ser usada para estimar a potencial reposição da população com crias.

É de notar que uma mudança na estrutura etária pode resultar não só da intensidade da remoção, mas também de qualquer mudança na abundância total. Por exemplo, durante a fase de crescimento, cada geração sucessiva é mais abundante, pelo que quanto mais velho é o grupo etário, mais escasso é, mas não como resultado de abate intensivo, mas devido à sua escassez à nascença [33, p.362]. A idade média e a taxa de sobrevivência serão subestimadas. É evidente que este indicador fará jus ao seu nome quando os números são estáveis (altos ou baixos). Em todo o caso, revela-se útil para interpretar a estrutura etária do lobo e a sua análise.

De acordo com A. Bondarev (1979), o rácio entre os sexos dos lobos é um indicador da flutuação da população. Para determinar a estrutura sexual e etária dos lobos, foram efectuados estudos nos distritos de Muynak, Takhtakupyr, Kanlykul e Ellikkala do Priaralie Meridional (República do Caracalpaquistão) durante 2009-2016. Foi analisada a composição sexual dos lobos capturados por caçadores amadores (13 indivíduos, incluindo 6 adultos e as restantes crias, de acordo com o método do questionário-questionário). A idade dos animais adultos foi determinada com uma aproximação ao ano mais próximo pelo número de anéis anuais formados na camada de cimento dos dentes durante o inverno. Os lobos adultos foram determinados pela relação entre a largura do canal e a largura do canino [112, p.44-45].

Sob a pressão constante da caça e de outros factores antropogénicos, as flutuações do número de lobos são determinadas principalmente pelo número de fêmeas na população. De acordo com dados de questionários e entrevistas com residentes dos territórios estudados, em caso de escassez de machos, os lobos acasalam com cães. Este facto foi observado no território de Kanlykulsky (foram observados 4 indivíduos de lobo, entre os quais um lobo de cor mosqueada) e nos distritos de Takhtakupyrsky (dois lobos em 6 indivíduos eram de cor preta). Isto deve-se provavelmente ao facto de o número de machos sexualmente maduros da alcateia nestas zonas ter diminuído. Segundo os peritos, a principal razão para o aparecimento de híbridos lobo-cão na natureza foi a diminuição significativa do número de lobos em resultado da perseguição humana, que foi acompanhada pela desintegração das alcateias de lobos e pela perturbação da estrutura sexual das populações de predadores.

Na zona semi-desértica, a fragmentação das alcateias é causada pela natureza da alimentação estival dos predadores. De abril a agosto, os lobos do deserto arenoso do noroeste de Kyzylkum vivem à custa de roedores. Com este tipo de alimentação, não há necessidade de se unirem em alcateias, como acontece normalmente quando caçam ungulados.

No distrito de Karauziak, foi encontrada uma toca no território da exploração florestal de Nurumtubek, habitada por dois adultos e duas crias. Verificou-se que ambas as crias eram machos. De acordo com os peritos, com base na análise do material recolhido a longo prazo em toda a região da CEI, foi revelado que os machos predominam entre as crias de lobo ou representam uma percentagem igual à das fêmeas [8, p.605].

Segundo Palvanazov M. (1974, 1990), o tamanho médio das ninhadas no Priaralie

meridional é de 6 crias e os desvios são raros. A mortalidade mantém-se elevada durante o primeiro ano de vida. Em média, 1-2 das 6-7 crias nascidas numa ninhada atingem a maturidade sexual (2 anos de idade), raramente 3 crias. A mortalidade dos animais jovens representa uma grande percentagem. De acordo com Heptner W. et al. (1967), a mortalidade infantil nos lobos é de 60-80%. A mesma informação é dada por Bibikov D. et al. (1985). O tamanho das crias varia de ano para ano. Este facto está relacionado com a disponibilidade de forragens básicas e com o impacto de factores antropogénicos. De acordo com especialistas [88, p.21], na primavera, nos meses de abril e maio, foram encontrados em média 5 lobos em sete tocas de criação de lobos. De acordo com dados de longo prazo, está estabelecido que, se a disponibilidade de forragem
(número de ungulados selvagens, lebres-tolai e roedores) era baixo, o número médio de ninhadas diminui para três crias.

A estrutura etária é caracterizada pela morte de indivíduos maduros, o que nem sempre conduz à morte de recém-chegados, uma vez que as funções parentais podem, em grande medida, ser desempenhadas por pereyarkas e lobos jovens que não participaram na reprodução deste ano. No entanto, a atividade dos lobos é controlada por eles de forma muito menos rigorosa. Os jovens lobos criadores são menos bem sucedidos em ensinar às crias as caraterísticas subtis da interação com o ambiente, incluindo a formação de preferências sociais e sexuais.

[2]De acordo com as nossas observações e entrevistas com a população local, existem duas alcateias de lobos nos sectores de Uchsai e Kyzylzhar, no distrito de Muynak, com um número total de cerca de 15 animais (4,1 lobos por 1 000 km). A alcateia de lobos mais numerosa foi observada no distrito de Uchsai, com 7-8 animais em outubro de 2009.

Quando o número de lobos aumenta em condições de abastecimento de alimentos, a dimensão das matilhas cresce até um certo limite, após o qual apenas se regista um aumento do número de animais não territoriais. Ao mesmo tempo, a mortalidade aumenta, a taxa de natalidade diminui e apenas as fêmeas participam na reprodução. Devido a estes processos, a dimensão da população estabiliza num determinado rácio entre a percentagem de animais territoriais e não territoriais. Quando os recursos forrageiros são reduzidos, o número de lobos diminui, o que se reflecte numa diminuição do tamanho das alcateias.

A depressão da população ocorre devido à mortalidade dos indivíduos por exaustão e ao aumento da competição intra-específica. As crias e os animais de baixo estatuto morrem sobretudo de subnutrição. Os restantes lobos são obrigados a expandir as suas áreas de caça em busca de presas, entrando assim mais frequentemente em contacto com alcateias vizinhas. Por conseguinte, os confrontos entre elas tornam-se mais frequentes, resultando muitas vezes em mortes.

No decurso de estudos expedicionários e de acordo com dados de inquéritos, foi estabelecida a ocorrência frequente de lobos solitários. De acordo com os dados da literatura e após consulta de especialistas do Zhitkov VNIIOZ (Kirov, Rússia), chegámos à conclusão de que, nas condições do Priaralie meridional com cobertura de neve insuficiente, os lobos preferem não se unir em alcateias. Há outra hipótese, que aponta para o facto de que, quando o número de lobos é elevado, ocorre uma competição intra-específica. Devido às relações de concorrência entre indivíduos, os lobos de categoria inferior são expulsos da alcateia, tornando-se, por sua vez, indivíduos solitários não territoriais. Nos anos em que o número de lobos é baixo, existem associações de 2-3 alcateias, cujo número chega a atingir 20 indivíduos. Este facto foi observado no território do arquipélago de Akbetkei.

Assim, em populações com uma autorregulação sem perturbações, existe um limite de saturação, para além do qual o crescimento é impossível. A discussão dos resultados do estudo do lobo em comparação com outras partes dos territórios estudados neste aspeto é bastante razoável e conveniente, uma vez que os principais mecanismos de regulação populacional para as espécies são os mesmos [33, p.362]. Com o aumento do número de lobos nas suas populações, há uma diminuição da fecundidade e um aumento da mortalidade embrionária. Com números decrescentes - pelo contrário, a fecundidade das fêmeas e a taxa de sobrevivência das crias aumentam. Com uma densidade populacional elevada, a regulação intrapopulacional manifesta-se através de alterações na fecundidade.

A proporção dos diferentes grupos de sexo e idade nas populações determina a capacidade de reprodução num dado momento e revela a tendência das mudanças populacionais. Um aumento da proporção de jovens nas populações é o resultado de condições de reprodução favoráveis, um indicador da recuperação da população de uma depressão e do crescimento do número de animais.

Em anos de baixo número de animais, observam-se mudanças espaciais na população de predadores, que se manifestam na separação significativa de grupos individuais - matilhas de lobos entre si e seu confinamento em áreas povoadas, especialmente em torno de pequenos lagos.

A variedade de condições paisagísticas e climáticas, a diversidade de biótopos, as diferentes cargas antropogénicas sobre a população de lobos e o seu habitat determinam a formação de certas caraterísticas de distribuição territorial, movimentos, atividade diária e sazonal, padrões de alimentação e algumas outras caraterísticas da ecologia do lobo no Priaralie Meridional.

3.4. Tocas e abrigos

O estudo da ecologia dos predadores de mamíferos em diferentes regiões é de grande importância científica e prática. As alterações no ambiente natural e a perseguição direta conduzem a uma diminuição acentuada do número de animais selvagens.

Para que os animais selvagens possam viver e reproduzir-se corretamente, necessitam de abrigos naturais ou de locais para criar as suas famílias e crias. Nem todos sabem a importância das condições de proteção para os animais selvagens. Para preservar os animais selvagens, é necessário não só protegê-los do extermínio, mas também tratar com cuidado as condições naturais em que vivem. A falta de abrigos, a falta de condições para os ninhos de criação não só reduzem o número de animais, como também levam ao seu desaparecimento total na zona. As pessoas, no processo de atividade económica, muitas vezes violam sem saber e, por vezes, destroem completamente os abrigos para animais. Os abrigos de animais mais comuns são as tocas. De acordo com os dados dos investigadores, desde os mares polares até aos desertos quentes e aos trópicos, inclusive, estas servem de habitação temporária ou permanente para a maioria dos mamíferos [93, p.320; 137, p. 72-84; 61, p. 62- 68]. No entanto, estes animais utilizam-nas de formas diferentes. Alguns passam toda a sua vida nelas, outros habitam-nas apenas durante uma determinada estação, para outros é um local de criação de crias, e há ainda animais que não vivem em tocas, mas escondem nelas as suas crias. As principais caraterísticas destes abrigos são o facto de não existirem na natureza de forma pronta - os animais criam-nos eles próprios. No entanto, nem todos os habitantes das tocas são capazes de as escavar. Muitos instalam-se em tocas abandonadas, preparadas por verdadeiros escavadores, ou até deslocam de lá os seus legítimos donos.

As tocas são abrigos de longa duração que podem ser utilizados durante décadas por muitas gerações de animais. A sua estrutura é extremamente diversificada. A toca mais simples é um túnel reto inclinado para baixo e que termina numa câmara de nidificação, por vezes revestida com algum material seco e macio. As tocas mais complexas são labirintos subterrâneos intermináveis de vários níveis, com uma multiplicidade de rotundas e becos sem saída, entradas e câmaras de habitação. As tocas mudam frequentemente de proprietário e cada novo proprietário pode modificar o abrigo a seu gosto. As tocas têm o seu próprio microclima. São mais quentes no inverno e mais frescas no verão. Para além dos mamíferos, os artrópodes, as cobras, os sapos e as aves também se instalam nas tocas. Um novo habitante, juntamente com o abrigo, recebe ectoparasitas do hospedeiro anterior, carraças e pulgas, o que por vezes leva à propagação de doenças infecciosas perigosas [107, p.84-109].

No decurso do nosso estudo, foram estudadas as caraterísticas dos abrigos naturais e das tocas dos lobos na região do Mar de Aral. Os resultados do estudo revelaram que as tocas e abrigos destes predadores se adaptaram à sua maneira à pressão antropogénica e se distribuíram por diferentes biótopos nas condições ambientais em mudança da região do Mar de Aral. Foram também estudadas as estruturas das tocas.

Os lobos escolhem mais frequentemente os locais de abrigo nos sítios mais remotos, raramente visitados pelos humanos. Na Ásia Central, os animais fazem as suas tocas em moitas de tugai, juncos ou em desfiladeiros de montanha. No norte - em ilhas florestais, arbustos e, por vezes, simplesmente nas margens de rios, ribeiros e raramente lagos [75, p.8-50].

A conceção, dimensão e localização das tocas de lobo variam e dependem das condições específicas do habitat. Os requisitos gerais dos lobos para a construção de uma toca são: localização escondida e pouco visitada por humanos, disponibilidade de uma fonte de água e proteção fiável contra condições meteorológicas desfavoráveis e disponibilidade de alimentos. A aproximação à toca é mais frequentemente escondida - normalmente não há restos de carne em decomposição, garras e outros objectos que denunciem a sua proximidade [8, p.605].

Os lobos raramente escavam tocas. Preferem utilizar os abrigos de outras pessoas e, se não conseguirem encontrar um abrigo num local adequado, é frequente terem crias na toca. No entanto, por vezes, têm de escavar a sua própria toca. As suas tocas são simples e, na maioria das vezes, com uma única saída [107, p.84-109]. Para além das tocas primárias e secundárias, existem locais de abrigo permanentes no território da família, que os lobos utilizam durante e após o período de reprodução. Os locais de abrigo reúnem boas condições de proteção [8, p.605].

Durante as viagens de expedição em 2015, descobrimos tocas de lobo na zona modelo de Aspantai - Shakaman, no distrito de Kegeli. Havia vários covis nesta área, que se situava a 23 quilómetros da aldeia de Aspantai. Nas proximidades, encontravam-se rebanhos de ovelhas. A primeira toca foi destruída por pastores em 2005, de onde foram retiradas 11 crias de lobo.

Sabe-se que o conservadorismo dos lobos na escolha da toca é grande - mesmo depois de repetidas destruições de crias de lobo e de animais adultos nas mesmas tocas, foram observados casos de repovoamento de abrigos em ruínas [140, p.7-95]. Este facto é confirmado pelos nossos estudos. [0I0I]Assim, encontrámos uma toca, que foi escavada no fundo do antigo leito do rio Amu Darya (na coordenada N 43 01 .50, E 59 19 .21). O solo aqui era solto. A toca estava organizada de forma simples. Tinha uma entrada. As tocas estavam ausentes. A largura da entrada da toca era de 60-63 cm, o comprimento de 500-600 cm e a altura de 34 cm.

A 50 metros desta toca foi encontrada outra toca, com um buraco de entrada com 50-60 cm de largura, 520 cm de comprimento, 33 cm de altura, e o ninho, localizado no meio da toca, tinha as seguintes dimensões 490, 80 e 105 cm, respetivamente. O ninho estava meio cheio com cama de erva seca. A toca tinha uma saída de emergência.

A poucos metros da toca havia uma rede de colectores de drenagem. Assim, é de notar que, nas condições da região do Mar de Aral, os lobos utilizaram durante muitos anos os mesmos territórios para criar as suas crias.

Os lobos escavam as suas tocas, ocupando por vezes tocas de texugos e raposas. [0]Durante o estudo, encontrámos várias tocas de texugo ocupadas por lobos, bem como covis e dormitórios em densas moitas de juncos em redor dos lagos Mezhdurechye (N 43 55.[000]48.71., E 59 25.39.56) e Zhaltyrbas (N 43 .52.087., E 59 .42.893.), bem como debaixo da dzhida, em moitas espinhosas de jingil no território da quinta de caça florestal de Kazakhdarya.

[00]Durante as expedições ao lago Sudochie, foram também descobertas tocas de lobo no desfiladeiro (nas coordenadas N 43 .52.32.43, E 58 .36.40.10.) a uma altitude de 134 metros acima do nível do mar. [00]Esta toca de lobo foi encontrada numa ravina na margem do lago Sudochie (nas coordenadas N 43 .58.40.49, E 58 .53.40.49) a uma altura de 1,5 metros do solo.

A segunda toca foi encontrada a cerca de 15-20 km da primeira. A escavação da toca para estudar a sua estrutura mostrou uma estrutura relativamente simples e de grandes dimensões. Começava com uma entrada comum e estava dividida em dois focinhos independentes. Uma tinha 800 cm de comprimento, 60 cm de largura no fundo e 40 cm de altura a uma profundidade de 3,6 m e terminava num beco sem saída. O segundo tinha 100 cm de comprimento, a sua câmara de nidificação situava-se a 3,2 m de profundidade e tinha um diâmetro de cerca de 50 cm com uma abóbada em forma de cúpula de quase 80 cm de altura. Não foi encontrada nenhuma cama no ninho. A toca foi escavada na areia e tinha um perfil quase horizontal.

Como refere Kozlov (1955), os locais escolhidos pelos lobos para a sua toca preenchem os seguintes requisitos

1. Afastamento relativo do sítio (zonas raramente visitadas pelo homem, embora possam estar próximas de povoações humanas)

2. O relativo secretismo da aproximação ao covil

3. Proximidade de uma massa de água.

Com base nos dados recolhidos, identificámos 2 tipos principais de covas: tocas formadas e fracamente formadas em locais abrigados, que apresentam formas de transição (Quadro 1).

Quadro 1

Distribuição das tocas de lobo em função da exposição ao relevo

Tipos de construção covis	Número de normas inquiridas	Localização		
		Planalto Ustyurt	Leitos ribeirinhos e de juncos	estepe desértica
Tocas formadas	8	2	3	3
Tocas fracamente formadas em zonas abrigadas	2		2	

Isto está de acordo com os dados de Palvanazov M. (1974, 1992), que observou que, em caso de fracos factores antropogénicos, os lobos fazem covas com mais frequência nas encostas das ravinas e em buracos cobertos de saxaul e pente. Assim, de acordo com o relatório oral de G. Turemuratova, Candidato a Ciências Biológicas, durante a viagem de expedição em 2010 ao território do leito seco do Mar de Aral, foi encontrada uma toca escavada na encosta do território seco do mar. Nas planícies aluviais do rio Amu Darya, onde as pessoas visitam frequentemente, as tocas de lobo estão localizadas em cavidades, matas ciliares e de junco. Assim, no território do Priaralie meridional, verificou-se que os lobos preferem fazer tocas à volta de pequenos lagos e massas de água, bem como em densos matagais de juncos, e nas zonas desérticas preferem instalar-se perto de poços artesianos e povoações de pastores. Esta é uma das particularidades da ecologia do lobo que habita o território do Priaralie meridional.

3.5 Organização e comportamento social

O comportamento é uma das formas mais importantes de adaptação ativa dos animais a uma variedade de condições ambientais. Garante a sobrevivência e a reprodução bem sucedida tanto do indivíduo como da espécie no seu todo. O estudo do comportamento animal tem atraído uma atenção generalizada por muitas razões. A informação sobre o comportamento animal é essencial para compreender a ecologia animal (estilo de vida), o que, por sua vez, contribui para o desenvolvimento da conservação e da gestão ambiental.

Muitas obras de cientistas famosos [133, p.487; 138, p.856; 21, p.40; 81, p.100; 135, p.568; 76, p.520] são dedicadas à etologia animal. Cada um deles representa uma apresentação bastante original dos fundamentos da ciência do comportamento animal. O comportamento dos mamíferos predadores, incluindo o lobo, foi também abordado nas obras de cientistas famosos como Manteifel P.A. (1947), Krushinsky L.V. (1986) e Korytin C. A. (1976).

Podem ser utilizadas diferentes abordagens para estudar o comportamento animal. O comportamento pode ser considerado do ponto de vista da sua formação na evolução, do ponto de vista do benefício que traz para o animal, e também pode considerar os seus mecanismos psicológicos ou fisiológicos. A escolha da abordagem é determinada pelo que se pretende saber exatamente sobre o comportamento animal [76, p.562].

Atualmente, tem-se acumulado muito material que caracteriza o comportamento como um conjunto de diferentes formas de atividade adaptativa dos predadores. O comportamento animal é infinitamente diversificado nas suas formas, manifestações e mecanismos. Os sistemas actuais de classificação do comportamento são múltiplos, pois o número de critérios que podem ser utilizados como base é praticamente ilimitado. A classificação de Dewsbury D. (1981) divide o comportamento em três grandes grupos - individual, reprodutivo e social [39, p.105]. A manifestação de todas as formas de comportamento é influenciada por ritmos diários, sazonais e outros ritmos biológicos [25, p.320]. O estudo do comportamento dos animais selvagens sob a influência de factores antropogénicos torna-se necessário face à inevitável e crescente investida da civilização sobre a natureza.

O lobo caracteriza-se pela sua grande plasticidade ecológica e por uma psique muito desenvolvida. Isto permite-lhe resistir com sucesso a toda a variedade de formas de o combater. Durante muito tempo, o comportamento dos animais, nomeadamente dos lobos, foi definido em termos de instintos e de reflexos condicionados.

Muitos cientistas chegaram à conclusão de que os animais têm a capacidade de analisar a situação, tirar certas conclusões e prever acontecimentos. Até Zworykin N. A. (1937) observou a elevada atividade mental dos lobos. Isto é especialmente evidente durante as caçadas colectivas de predadores a diferentes animais. Os lobos dispersam-se por diferentes áreas para procurar presas, assinalam os resultados da busca, cercam a presa detectada, emboscam-na e apanham-na com os seus irmãos à espreita ou em áreas (no gelo, na neve profunda, etc.) onde é mais fácil apanhá-la.

O comportamento do lobo é extremamente complexo. Este animal tem por vezes um modo de vida tão secreto que a sua toca, situada perto de zonas povoadas, não pode ser detectada durante muito tempo. O lobo é conhecido por ser muito observador e pode encontrar a carniça através do grito dos corvos e das pegas, por exemplo. Determina com precisão o seu comportamento em função da situação [91, p.351]. A atividade cinegética do lobo e a escolha das suas vítimas dependem da estação do ano e do estatuto familiar do lobo (se está em alcateia ou não, se é jovem ou velho).

Uma caraterística importante da espécie é a presença de uma forma de sobrevivência e interação colectiva como a alcateia. Uma alcateia é essencialmente uma família constituída por um casal de progenitores e por lobos jovens até aos dois ou três anos de idade [132, p.72].

Na região do Mar de Aral, o estudo da etologia do lobo foi consagrado aos trabalhos de Palvanizov M. (1974, 1990). Os resultados obtidos no decurso do nosso estudo mostram que a população de lobos estudada é constituída por indivíduos unidos em alcateia que utilizam determinados territórios de zonas indígenas e por animais isolados que não fazem parte de uma alcateia e se caracterizam por uma grande mobilidade. A dimensão da área de habitat da população de lobos na região do Mar de Aral é determinada por uma determinada paisagem e varia consoante as zonas. A dimensão do território e a densidade de uma alcateia dependem da oferta de alimentos, da disponibilidade de abrigos e da localização de fontes de água.

A alcateia mantém uma hierarquia rigorosa. A sua base é constituída por um macho alfa, uma fêmea alfa, vários lobos de baixo escalão de ambos os sexos, entre os quais se pode destacar o macho beta, e crias fora da hierarquia. Este facto é apoiado pela nossa investigação. No território da parcela-modelo (f/fx Aspantai - Shakaman), as alcateias de lobos vivem em grupos familiares, cuja base é - um par de lobos adultos com a ninhada do ano em curso (chegadas), crias do ano anterior de nascimento (sobrejovens), bem como um macho adulto (5-6 anos), um macho velho (12-13 anos).

De acordo com as nossas observações, os lobos pertencentes à mesma família de alcateia caçam frequentemente numa área comum, sozinhos ou em grupos de 2-4 indivíduos.

Para além dos lobos que vivem em alcateias em determinados territórios, existem lobos errantes, "vadios" e não territoriais. Trata-se, regra geral, de indivíduos com idade superior a overyark (há overyarks e incomers, bem como animais velhos), expulsos pelas mães lobo e que não encontraram uma área livre.

Na alcateia estudada, foram reveladas mudanças sazonais nas relações familiares e territoriais, uma das quais é o período de ninhada. O período de cria começa com o nascimento dos lobos (abril) e dura todo o verão. Ao período de cria segue-se o período de alcateia. O período de alcateia começa no outono (meados de setembro) e prolonga-se até à primeira metade do inverno (fevereiro). Durante este período, os "overjunks" juntam-se às mães e aos "incomers". A alcateia, inteira ou desintegrada em diferentes variantes, percorre toda a área da alcateia-família e ultrapassa os seus limites, normalmente apenas no território livre de lobos. Durante o período de cio, a alcateia desintegra-se. Durante este período (final de janeiro, início de fevereiro), os recém-chegados são separados da alcateia e vivem separadamente na mesma área da alcateia. A alcateia de cio é constituída por uma loba-mãe no cio e por machos que a perseguem - uma loba-mãe e geralmente um companheiro, por vezes um desafiador de outros lobos. A composição de uma alcateia de perseguição pode ser mais complexa.

No total, a distância percorrida por esta população de lobos no território da alcateia é de cerca de 200 km. Com base nos resultados do estudo, verificou-se que os movimentos diários têm uma média de 82-87 km. Ao mesmo tempo, verificou-se que, por vezes, os indivíduos da população podem violar os limites do seu território e atravessar o rio Amudarya por uma "ponte flutuante" em direção ao distrito de Kungrad. Também se registaram casos em que bandos inteiros (cerca de 11 indivíduos) da população de Kungrad atravessaram o território da população de Aspantai-Shakaman desta forma, em busca de presas.

Segundo os zoólogos americanos R. Peterson (Peterson, 1977) e D. Mech (Mech, 1970). Peterson (1977) e Mech (1970), os lobos cobrem o seu território com uma rede de etiquetas odoríferas, mas são os que marcam mais intensamente as zonas fronteiriças. Os lobos "marcam" intensivamente os limites do seu território com urina, fezes e "raspagem" vigorosa. Assim, em maio de 2015, seguindo o rasto da alcateia da população de Aspantai-Shakaman, contámos várias raspagens em cruzamentos de estradas a cada 5-6 quilómetros, e em três locais o lobo deixou excrementos a uma distância de 2-3 metros. O lobo viajava por auto-estradas. Em seis ocasiões, urinou perto de arbustos de jingleberry à volta da estrada. Por vezes foram encontrados arranhões à volta do ponto de urina. Os arranhões estavam próximos ou a uma curta distância (2 metros) do ponto urinário (os maiores arranhões mediam 190 x 50 centímetros).

Assim, o gregarismo e os movimentos territoriais da população de lobos desempenham um papel importante na estabilidade da manutenção da atividade vital e do tamanho da população, como resposta comportamental às alterações das condições ambientais desta espécie. [2]De acordo com os nossos estudos no Priaralie do Sul, a dimensão dos territórios de uma alcateia varia entre 150 e 1200 km, consoante o relevo e a paisagem.

As flutuações sazonais na dimensão das áreas de habitat do lobo estão também estreitamente relacionadas com a disponibilidade de alimentos, pelo que, em paisagens abertas onde os ungulados migram muito e no inverno os alimentos escasseiam. Neste caso, verifica-se um forte arrastamento da área do território utilizado. Exemplos disso são o planalto de Ustyurt e o deserto de Kyzylkum. Uma alcateia que ocupe a área indígena vive em grupos familiares, cuja base é um par de lobos adultos com a ninhada do ano em curso (recém-chegados), crias do ano anterior de nascimento (pereyarka) e, por vezes, até mais velhos, aparentemente descendentes do mesmo macho adulto, na maioria dos casos. Pertencendo à mesma alcateia, os lobos caçam frequentemente numa área comum, individualmente ou em grupos de 2-4; é este gregarismo que se reflecte na análise dos avistamentos e dos rastos de lobo. O número de indivíduos de uma alcateia familiar é determinado pelo avistamento do maior número de indivíduos juntos numa determinada parcela familiar e é verificado por todas as informações da parcela - a família inteira pode nunca ser vista. O número de indivíduos solitários não territoriais é de cerca de 10% da população, desde que a área seja predominantemente povoada por lobos. Podem juntar-se a alcateias dirigidas e, por vezes, estabelecer-se, expulsando o "mestre" da zona, ou substituir um dos adultos em caso de morte deste, mas, mais frequentemente, deslocam-se para zonas incómodas e, na maioria dos casos, morrem. São eles que aparecem em territórios não habitados por lobos. Em densidades populacionais elevadas de lobos, os animais "errantes" podem representar até 40% da população, viajando para longe dos seus locais de nascimento, seguindo manadas de ungulados ao longo de todo o percurso das suas migrações; os lobos sedentários normalmente só acompanham estas manadas dentro das suas áreas [110, p.8-57].

As chamadas "zonas tampão" formam-se entre os territórios das alcateias de lobos. Estudos efectuados por Mech (Mech, 1977, 1979) no norte do Minnesota mostraram que as zonas tampão, ou seja, as faixas fronteiriças entre os territórios das alcateias, funcionam como uma reserva de ungulados selvagens. Os ungulados selvagens que habitam estas faixas estão sujeitos a ataques de lobo em muito menor grau do que os que vivem nas partes centrais das manchas. Consequentemente, os habitantes da periferia dos territórios dos lobos sobrevivem mais tempo. Este fenómeno deve-se à especificidade das interações interespecíficas entre os lobos. De acordo com Mech (Mech, 1977), a largura das zonas tampão varia entre 1,6 e 3,2 quilómetros quadrados, com uma largura de 25% da área dos territórios das alcateias de lobos. Nos nossos casos, a zona tampão varia dentro dos mesmos limites. Esta faixa é visitada pelas duas alcateias vizinhas e é aqui que se dão os encontros entre elas e, no decurso de uma luta, um dos lobos pode ser morto. Por conseguinte, os lobos não se demoram normalmente na zona tampão. A tensão do seu comportamento na fronteira do território é confirmada por um aumento acentuado da frequência de marcação (2 vezes em comparação com o centro). Quando o número de ungulados é elevado, os lobos raramente os caçam na zona tampão. Por isso, quando o número de ungulados é reduzido, a sua densidade populacional diminui principalmente nos centros dos territórios das alcateias de lobos.

A forma da secção da raiz é geralmente um pouco alongada, oval. Distinguem-se várias zonas ou áreas no seu interior (Fig. 22).

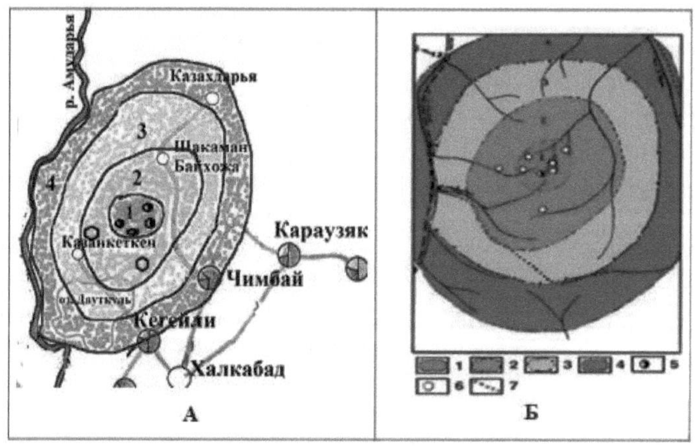

Fig. 22: Esquema do território de uma alcateia de lobos

A - Diagrama esquemático da família de lobos modelo Aspantai-Shakaman e da área da alcateia;

B - Diagrama clássico do território de uma alcateia familiar de lobos (segundo Suvorov, 2009)

1 - zona de nidificação; 2 - zona de ninhada de verão (poleiro); 3 - zona de caça - zona de alimentação do bando familiar; 4 - zona fronteiriça; 5 - toca; 6 - tocas de reserva.

[2]O local do ninho tem uma área de 4-5 km. Contém a toca onde as crias de lobo nidificam. Existe também uma área de nidificação, que inclui a área de nidificação e as tocas temporárias onde as crias de lobo vivem depois de deixarem a toca da maternidade. Nesta zona, os recém-chegados passam a maior parte do tempo durante o período de nidificação. É também aqui que se situam as tocas dos lobos adultos durante este período. Os Pereyarka também visitam esta zona. A zona de ninhada pode ser designada como a "casa" de uma alcateia de lobos, que tem uma área de cerca de 20 quilómetros quadrados. É como se fosse o centro da atividade dos lobos em toda a área da alcateia.

A dimensão dos sítios territoriais indígenas da população de lobos de Ustyurt é um pouco diferente da população de Aspantai-Shakaman. Se o terreno não mudar drasticamente, as casas existem durante muito tempo e servem muitas gerações de lobos. Sabe-se que, mesmo que a alcateia seja completamente dizimada, os novos lobos escolhem muitas vezes o mesmo território para a sua casa. Para além disso, existe a zona de caça principal. Esta inclui o resto da área de habitat. A zona de caça principal, na qual a maior parte dos lobos caça durante o período de ninhada, tem um raio de 8-10 km (com o centro aproximadamente no meio da área de residência). Existe também uma zona fronteiriça. Esta zona circunda a área de caça principal com uma faixa de 1-4 km, se a área da alcateia for vizinha das áreas de outras alcateias. Os lobos maduros raramente ultrapassam o território principal, marcando e mantendo os seus limites. Os pereyarka e os recém-chegados encontram-se frequentemente na zona fronteiriça, podendo mesmo entrar num território estrangeiro. Assim, a permanência do limite do habitat da alcateia está relacionada com a presença de alcateias vizinhas.

Numa população de lobos de uma única alcateia, ocorrem mudanças sazonais nas relações familiares e territoriais. Uma delas é o período de ninhada. O período de ninhada começa com o nascimento dos lobos e dura todo o verão. As crias que chegam vivem na área de residência, primeiro na toca da maternidade e depois na toca temporária. Por vezes, sobretudo no final do período, as crias fazem viagens para fora da casa. A mãe loba caça em toda a área principal da parcela familiar. A loba fica com as crias durante algum tempo e depois afasta-se gradualmente. Nesta altura, os Pereyarka vivem normalmente nos limites do território da alcateia, entrando na zona fronteiriça; por vezes, mais frequentemente no final do período, "visitam" a casa.

Durante o período de alcateia, que começa no outono e se prolonga até à primeira metade do inverno, a alcateia, no seu conjunto ou, dividindo-se em diferentes variantes, percorre toda a área da família e da alcateia. Normalmente, só abandonam a zona quando esta está livre de lobos.

O exemplo da população de lobos de Aspantai-Shakaman ilustra o que precede. Durante o período de estudo, foram registados todos os movimentos diários e sazonais dos lobos no território da área da alcateia desta população (Fig. 23).

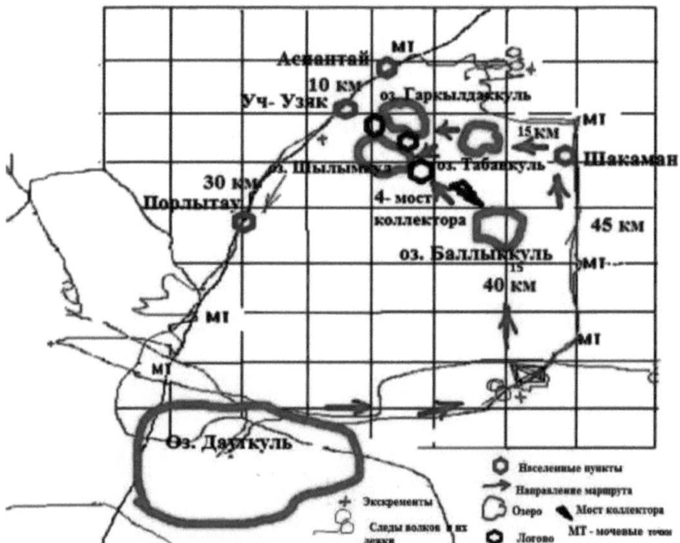

Fig. 23. Diagrama do percurso da alcateia de lobos na parcela modelo
Aspantay - Shakaman

Como se pode ver no diagrama, a zona principal do núcleo está localizada no território de F/X Aspantai, Shakaman, Bozatau. A 23 km a nordeste da povoação de Aspantai, no meio da área principal, existe uma área de nidificação. Contém uma toca, onde a loba tem crias. Existe uma área de nidificação em redor do lago Shylymkul, que inclui a área de nidificação e covis temporários onde as crias de lobo vivem depois de deixarem a toca da maternidade.

Depois de percorrerem o seu território, regressam de novo à zona. O movimento dos lobos na zona está associado à procura de presas. O percurso desta população parte do território de Aspantai em direção à povoação de Uch-uzyak (10 km), segue depois para a povoação de Porlytau (30 km), alcança o lago Dautkul (30 km) e, passando pelo território do antigo distrito de Bozatau (30 km), pode dirigir-se para noroeste, em direção a Shakaman (45 km), ou para Balykkul (40 km).

Passando pela zona de Balykkul e pela quarta ponte do coletor, vão para a zona de reprodução e depois regressam à zona de nidificação em Shylymkul, Garkyldak kul. Quando viajam de Bozatau para Shakaman, podem regressar através do Lago Tabankul (15 km) para a área de nidificação em Shylymkul, Garkyldak kul. No total, a distância de deslocação desta população de lobos é de cerca de 200 km.

Os resultados do estudo revelaram que os movimentos diários eram em média de 82-87 quilómetros.

Os lobos da população de Ustyurt distinguem-se das migrações de longa distância causadas pelas migrações de ungulados (saigas, gazelas), quando a alcateia se desloca no inverno dentro da sua zona de caça em busca de alimentos. Em primeiro lugar, o território de Ustyurt caracteriza-se fortemente pela sua escassa base forrageira. As principais presas dos lobos neste território são os ungulados selvagens, incluindo saigas, gazelas e javalis. Simultaneamente, caçam pequenos mamíferos (esquilos, gerbos, ratazanas, etc.).

O território da parte Karakalpak de Ustyurt, com 7000 quilómetros quadrados, é habitado por cerca de 6 alcateias de lobos (cada alcateia tem uma média de 7-8 indivíduos). A dimensão da área indígena de cada alcateia é de cerca de 1200 quilómetros quadrados. A grande área das zonas indígenas está associada à escassez de forragem no território de Ustyurt. As alcateias desta zona constroem os seus locais de reprodução perto de povoações ou em torno de massas de água e pequenos lagos.

Foram encontrados lobos isolados e em alcateia perto da povoação de Jaslyk, da estação de Karakalpakiya, perto de Sarykamysh, dos reservatórios de água de Sudochie, da estação hidrometeorológica do Cabo Aktumsyk.

De acordo com Sludsky (1981), os lobos acompanham as suas presas, nomeadamente as manadas de saigas e gazelas que viajam para a parte sul de Ustyurt em setembro-outubro para invernar. Como refere Filimonov A. N. (1975, 1982), os lobos "acompanham" as manadas de saigas, mas muitas vezes apenas até às "suas" fronteiras, sendo depois recebidos pelos lobos em cujo território os migrantes aparecem. Depois da partida dos saigas, os lobos continuam a viver nos seus territórios, alimentando-se das numerosas carcaças de saiga deixadas pelas suas caçadas bem sucedidas a estes animais, bem como atacando o gado. Presumimos que alguns lobos (mais frequentemente jovens, retardatários ou solitários) acompanham os saigas por distâncias bastante longas, mantendo-se atrás das manadas migratórias. Quando os saigas passam por uma grande área, acumulam gradualmente uma "pluma" desses lobos, que aumentam em número quando os saigas chegam a uma determinada área. Os mesmos lobos não territoriais que seguem as manadas de saiga podem habitar territórios livres de lobos na parte sul da região do Mar de Aral.

Assim, em zonas com populações de lobos estáveis, o território de cada alcateia é rodeado por vários (5-6) territórios vizinhos, ou seja, a utilização do espaço é estritamente regulada. Nestas condições, a dimensão dos territórios dos lobos mantém-se estável durante muitos anos. A territorialidade é um mecanismo de autorregulação das populações. A estabilidade da organização espacial é típica da população de lobos como um todo: o conservadorismo territorial do lobo é descrito na literatura [18, p.123-193; 20, p.29-38; 75, p.80-50; 40, p.90102]. Este aspeto deve ser tido em conta no desenvolvimento de medidas para regular o número de lobos, uma vez que a resiliência é um mecanismo que assegura a preservação da integridade dos territórios, não se reduzindo, no entanto, à simples evitação do odor de outras pessoas.

3.6 Análise da dinâmica da população de lobos

A dinâmica da população é um parâmetro importante que caracteriza o número total de indivíduos numa determinada área durante um determinado período. Ao estudar as questões da dinâmica das populações de lobos, a maioria dos especialistas prestou especial atenção ao impacto de vários factores bióticos e abióticos na sua atividade vital. Foi estabelecido que a eficácia de vários factores ecológicos como mecanismo regulador do tamanho da população nos ecossistemas depende da influência do impacto antropogénico [93, p.326; 94, p.76]. A análise realizada da relação entre a dinâmica da população de lobo e a dieta forrageira (gazela) mostrou que este fator forrageiro depende linearmente (coeficiente de correlação R=0,4) da densidade do predador. Mas nota-se que as tendências lineares de ambas as espécies de animais tendem a diminuir (Fig. 24).

Em condições naturais, onde as pressões antropogénicas são fracas, estes processos manifestam-se ano após ano, em função dos recursos forrageiros e das condições de proteção. Nestes casos, funcionam mecanismos intra-populacionais de alteração da abundância, que são regulados pelos próprios predadores e pelos seus concorrentes.

O fator forrageiro, incluindo um dos ungulados (javali), também desempenha um certo papel na alimentação do lobo. A análise da relação entre a dinâmica da população de lobo e a dieta forrageira (javali) mostrou que este fator forrageiro depende linearmente (coeficiente de correlação R=0,18) dos momentos de perturbação da densidade de predadores.

Mas notamos que as tendências lineares de ambas as espécies animais têm uma tendência estável (Fig. 25).

De entre os pequenos mamíferos, a lebre tolai (*Hepus tolai* Pall, 1778) é uma espécie abundante e amplamente distribuída na região do Mar de Aral, desempenhando um certo papel na dieta do lobo.

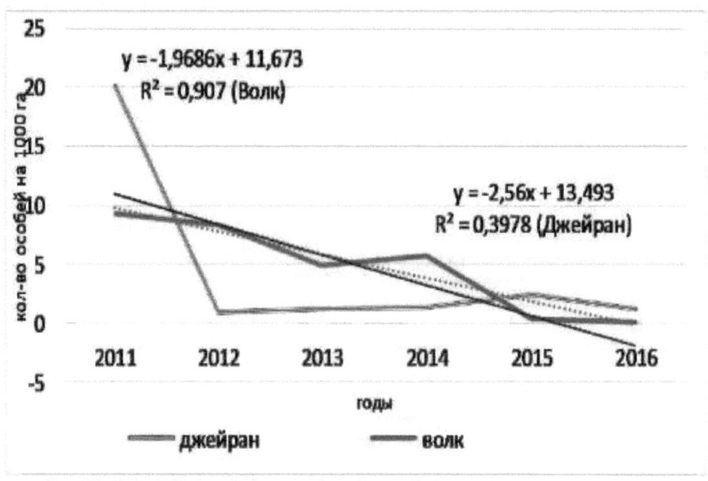

Figura 24. Dinâmica do tamanho da população de lobos em função do objeto de

forragem (Jeyran) para 2011-2016 (R=0,39)

A análise de correlação da relação entre a dinâmica da população de lobos e o objeto de presa (lebre) mostrou que este fator de presa depende muito fracamente mas linearmente (coeficiente de correlação R=0,06) com momentos perturbadores da densidade de predadores.

Mas notamos que as tendências lineares de ambas as espécies animais têm uma tendência estável (Fig.26).

O antílope *saiga* (*Saiga tatarica*) é a principal espécie de presa natural do lobo no Priaralie meridional. De acordo com os peritos, o número de lobos depende diretamente do número de saigas. Atualmente, devido ao declínio das populações de saiga em Ustyurt, os lobos estão a diminuir em número e a migrar para o Priaralie Central [8, p.8-9].

Uma análise da correlação entre a dinâmica do tamanho da população de lobos e a dieta da presa (antílope saiga) mostrou que existe uma estreita correlação com este fator de presa, que depende linearmente (coeficiente de correlação R=0,71) da densidade do predador.

densidade de predadores. Mas nota-se que as tendências lineares de ambas as espécies tendem a diminuir (Fig. 27).

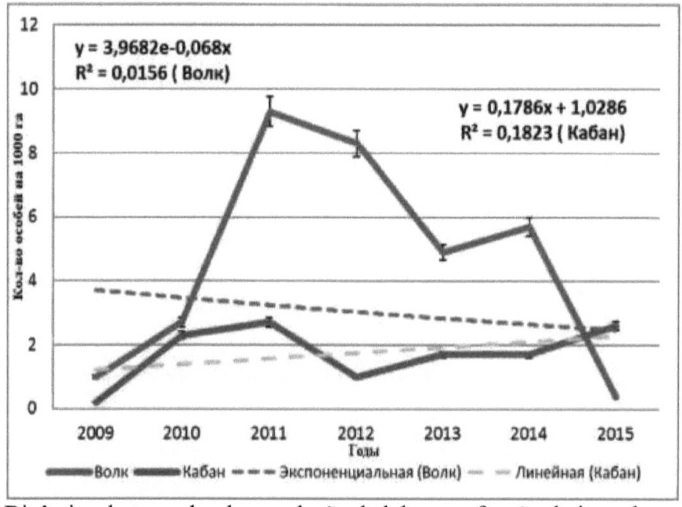

Fig. 25. Dinâmica do tamanho da população de lobos em função do item de presa (javali) para 2011-2016 (R=0,18)

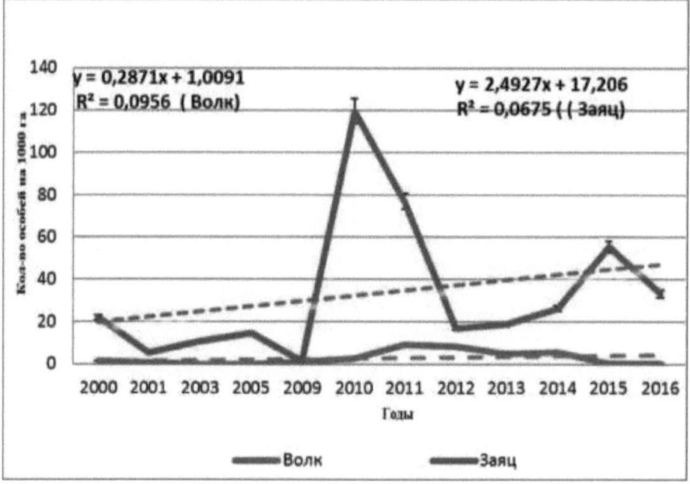

Fig. 26. Dinâmica do tamanho da população de lobos em função do objeto alimentar (lebre) para 2011-2016 (R=0,06)

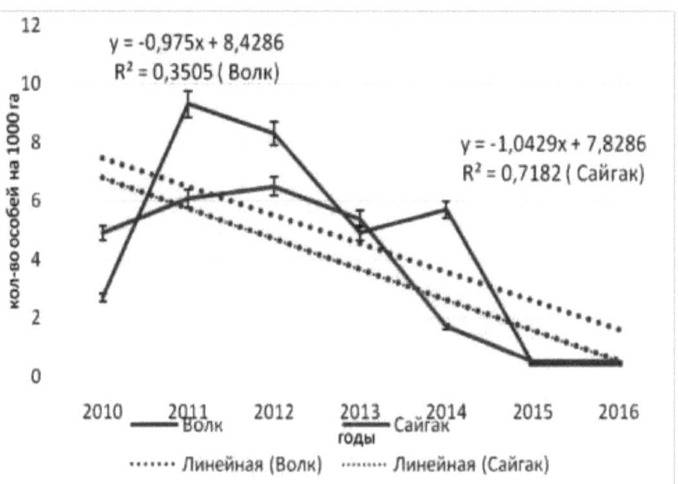

Fig.27. Dinâmica populacional da população de lobos em função do item de presa (antílope saiga) para 2011-2016 (R=0,71).

A dinâmica do número de animais caracteriza-se também por alterações na composição por sexo e na estrutura etária, em resposta a condições de habitat que mudam periodicamente. É difícil determinar o número de animais e a sua dinâmica temporal em grandes áreas, e não é por acaso que não dispomos de dados fiáveis e objectivos sobre a densidade populacional de muitas espécies, em especial do lobo.

A imperfeição dos métodos aplicados e as dificuldades organizacionais na realização de inquéritos quantitativos na vasta área do Priaralie meridional dificultaram a obtenção de estimativas suficientemente exactas do número de lobos. Nestes casos, os dados são de carácter pericial ou, como Koli G. (1979) apropriadamente os designou, aproximativo. Nalguns casos, é necessária uma ideia mais ou menos precisa do número, noutros casos, é suficiente uma estimativa pontual e, num terceiro caso, só se pode ficar satisfeito com o conhecimento da tendência geral da dimensão da população: dispor de alguns índices relativos (índices) que reflictam objetivamente o processo de flutuação da população.

No entanto, é essencial que os indicadores selecionados estejam correlacionados com as alterações na dimensão da população. Estes indicadores de abundância incluem vestígios de atividade animal, o número de indivíduos encontrados (ou predados) por unidade de tempo, etc.

Para efeitos práticos, é importante ter uma ideia da abundância de lobos e da sua dinâmica em certas partes da área de distribuição.

Para o efeito, é mais conveniente utilizar um indicador como as peles colhidas, ou seja, para tornar comparáveis as informações obtidas.

Os mesmos dados podem servir de índices de abundância. A comparação destes últimos reflecte a distribuição desigual deste predador no Priaralie meridional. Os dados obtidos sobre a recolha de peles de lobo podem refletir de forma bastante objetiva o estado da dimensão da população e podem mesmo ser utilizados para estabelecer certas regularidades, como foi o caso do lince e do esquilo americano [127, p.161].

No decurso da investigação científica, acumulámos um vasto material sobre a recolha de peles de lobo de 1950 a 2000. No entanto, este material era heterogéneo e desigual; se antes da década de 1990, os dados sobre a colheita reflectiam mais ou menos objetivamente a tendência da população, mais tarde, devido à rutura do mecanismo de colheita e ao encerramento de gabinetes de colheita, estes dados deixaram de poder servir como indicadores fiáveis. Devido aos danos significativos causados pelo lobo aos animais domésticos e selvagens até 1991, o Estado pagou bónus significativos aos caçadores, para além do custo de aquisição das peles de lobo, para estimular o extermínio deste predador.

De acordo com Reimov R. (2000, 2003), entre 1955 e 1970 foram colhidas 1 293 peles de lobo, com uma média de 86 peles por ano, o que corresponde a uma taxa de colheita de 0,57%, e entre 1980 e 1995 foram colhidas em média 10-15 peles por ano (Quadro 2).

Quadro 2

Colheita de peles de lobo no Priaralie do Sul em 1955-2000
(por Reimov R., 2000,2003)

Nome da espécie	1955-1970.		1980 -2000.	
	Total (unidades)	Média por ano (unid.)	Total (unid.)	Média por ano (unid.)
Lobo	1293	86	61	3,1

O gráfico sobre a dinâmica da colheita de peles de lobo mostra que nos anos 80 foram colhidas 41 peles por ano, nos anos 90 - 17 peças, em 2000 quase não foram colhidas peles (Fig.28). A produção máxima destes predadores ocorreu em 1955-1970, quando os pontos de recolha receberam 1293 peles, o mínimo - em 2000.

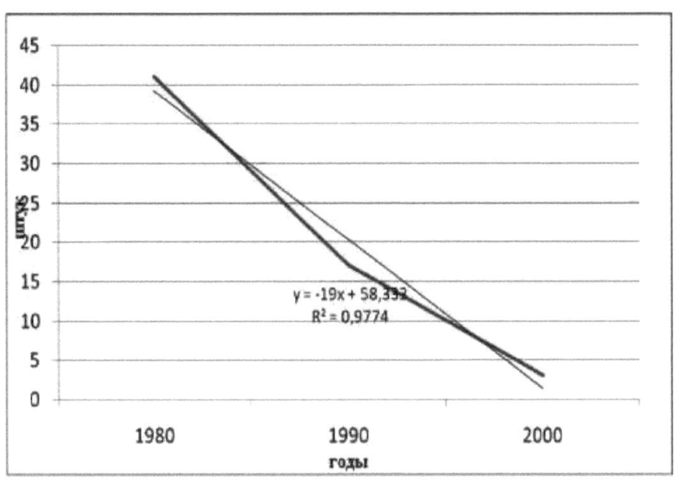

Fig.28. Dinâmica da recolha de peles de lobo entre 1980 e 2000 (segundo R. Reimov, 2000,2003).

Os resultados da contagem de lobos de acordo com a Sociedade Republicana de Caçadores e Pescadores de Karakalpak (2000-2016) são apresentados na Figura 29. As contagens foram efectuadas nos territórios das zonas de caça "Dautukul", "Domalak", "Yuzhnoye", zonas de caça livres "Kok tas", "Kok darya", "Lago Baimurat", exploração de caça "Uzyn kair" e zonas de caça "Akpetkei".

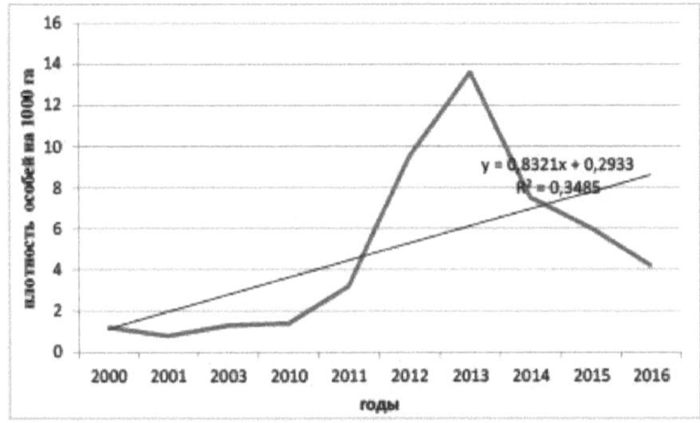

Figura 29. Dinâmica do tamanho da população de lobos de acordo com a secção de Karakalpak da Sociedade de Caçadores e Pescadores do Uzbequistão (densidade de indivíduos por 1000 ha)

Considerando a dinâmica da população de lobo de 2000 a 2016, pode notar-se que a população de lobo de 2000 a 2010 tende a diminuir, aparentemente devido à influência de vários factores ambientais: secagem de lagos, esgotamento da base forrageira, tiro ilegal, etc. Desde 2010, a população de lobos tem vindo a aumentar gradualmente, o que se deve à melhoria das condições do habitat de proteção e de forragem.

Assim, os resultados dos nossos estudos mostraram que, sob a fraca influência de factores antropogénicos, a dimensão da população de lobos na região do Mar de Aral é regulada pela variação da fecundidade dos animais e da taxa de sobrevivência dos animais jovens, pela composição sexual e pela estrutura etária da população, pela alteração do habitat e pela mortalidade por causas naturais.

Isto é consistente com os dados da literatura sobre a manifestação destes processos, que funcionam como um mecanismo populacional de mudanças na abundância [127, p.161]. A dinâmica do número de animais é regulada por mudanças na composição sexual da população.

Nos anos em que o número de animais é elevado, os machos predominam nas populações e nos anos em que o número de animais é reduzido, as fêmeas predominam. As alterações no número de predadores dependem da disponibilidade de alimentos.

Em anos mal alimentados, a maioria das ninhadas encontra-se em condições desfavoráveis, as crias não têm comida e as mais fracas morrem. Analisando os dados obtidos, chegámos à conclusão de que os predadores entram em contacto próximo com uma variedade de animais, especialmente roedores - portadores de doenças focais naturais infecciosas e invasivas.

A regularidade da distribuição da densidade populacional do lobo, deduzida a partir de peles de lobo em branco, pode ser utilizada na regulação do número de lobos.

CAPÍTULO IV

SIGNIFICADO ECOLÓGICO E GESTÃO DAS POPULAÇÕES DE LOBO NA REGIÃO MERIDIONAL DO MAR DE ARAL

4.1 Importância ecológica e económica

Um dos problemas fundamentais da ecologia das populações, de grande importância teórica e económica, é o das relações predador-presa. Não existem na natureza animais predadores absolutamente úteis ou absolutamente nocivos. Por isso, os ecologistas, zoólogos e caçadores de muitos países do mundo, incluindo a República do Usbequistão, estão a desenvolver ativamente métodos de identificação e avaliação quantitativa dos padrões de relações no sistema "predador - presa", que é de extrema importância ecológica e económica. Sabe-se que um dos representantes dos predadores, o lobo, tem uma certa importância ecológica.

Os lobos são uma das principais causas de mortalidade individual dos herbívoros e desempenham um papel importante na manutenção do seu bem-estar ecológico e fisiológico. Um dos aspectos da seleção natural é realizado através da predação pelo lobo. Em caso de extermínio total do lobo, o crescimento do número de ungulados progride acentuadamente, levando à deterioração da sua população e da qualidade do habitat. A diminuição do peso, do tamanho linear e da estrutura óptima da população de ungulados foi particularmente frequente. A propagação de várias doenças, várias lesões naturais, a desfiguração física, o aumento da infestação por ecto e endoparasitas, etc., também foram observados entre os ungulados. [127, c.161]. No período subsequente ao surto populacional do lobo, os indivíduos ungulados defeituosos são, em primeiro lugar, exterminados. É nestes momentos que o papel "sanitário" do lobo se manifesta de forma especial. De acordo com os dados da literatura de alguns autores, é indicado que os lobos matam animais bastante saudáveis, no auge da vida. Mas conduzido

Estudos de cientistas americanos mostram que os lobos comem apenas vítimas velhas e doentes [147, p.834].

No decurso do estudo, tivemos em conta dois pontos de vista opostos de peritos. Cada ponto de vista tem os seus próprios argumentos convincentes. Os pontos de vista opostos dos peritos sobre o papel ecológico da predação pelo lobo não excluem nenhum deles. Muito provavelmente, os estudos foram realizados em condições diferentes, em momentos diferentes e reflectem o estado diferente das populações de predadores e presas que não respondem adequadamente ao lobo.

Ao avaliar o papel seletivo do lobo nas populações de ungulados, é necessário utilizar os dois pontos de vista, o que fizemos. Quando a abundância do lobo é fortemente reduzida e a estruturação hierárquica das suas alcateias é perturbada, a seletividade das presas aumenta. Foram observadas vítimas enfraquecidas e traumatizadas entre as suas presas. Em contrapartida, quando o número de lobos é suficientemente elevado, a seletividade das presas diminui e a eliminação torna-se mais generalizada. O que precede foi confirmado na população modelo de lobos na zona de Aspantai-Shakaman, no distrito de Chimbay.

Há provas de que, se a população de ungulados estiver em más condições, os lobos atacam em grande número os indivíduos mais defeituosos. Se, após algum tempo, o estado da população de ungulados melhorar, os lobos podem matar indivíduos bastante saudáveis e fortes. O papel sanitário dos lobos é especialmente observado em áreas protegidas (reservas, reservas, parques nacionais), porque nestas condições ecológicas óptimas, com elevada densidade de ungulados, há sobrepopulação, elevada competição alimentar, esgotamento dos recursos forrageiros.

Em quaisquer condições ecológicas, os lobos atacam principalmente as vítimas mais vulneráveis de um grupo populacional. Os juvenis de um ano são particularmente afectados, uma vez que são susceptíveis ao stress da procura de alimentos e qualquer deterioração das condições do habitat torna este grupo etário muito acessível aos lobos. De acordo com A.A. Sludsky (1981), os lobos no Cazaquistão matam principalmente javalis jovens e cordeiros de gazela. Os lobos são selectivos em relação à idade e ao sexo da população de presas e às condições ambientais locais. Esta seletividade depende da variabilidade temporal e espacial.

Considerando o papel predador do lobo do ponto de vista biocenótico, deve notar-se que não são as espécies individuais de populações de presas que interagem entre si, mas os seus grupos, que formam ligações ecológicas relativamente homogéneas. Em cada uma destas ligações existem reacções compensatórias fortemente desenvolvidas que mantêm a estabilidade funcional do sistema "predadores - herbívoros - vegetação". Este ecossistema funciona como um todo unificado.

Ao estudar o significado ecológico do lobo, é impossível não considerar a sua relação com outros predadores da região. Não existem grandes predadores que concorram com o lobo na área de estudo do Priaralie Sul, mas existem alguns pequenos predadores que partilham uma base alimentar comum em termos de lebres e roedores. Estes incluem o chacal, a raposa e o corsário.

Sistematicamente, o lobo é o parente mais próximo do chacal, mas os seus nichos ecológicos são diferentes. O chacal vive principalmente em densas moitas de cana e alimenta-se de carniça deixada pelos lobos. Não há competição por abrigo. Os habitats dos chacais e dos lobos podem sobrepor-se parcial ou totalmente, mas estes traçam as suas rotas de caça de forma diferente.

A distribuição dos chacais depende da utilização do território por lobos solitários ou em alcateia. Nos locais onde os lobos não territoriais caçam, o número de chacais é superior ao dos locais onde as alcateias estão permanentemente presentes. Há provas de que, quando o número de lobos diminui, o número de chacais diminui. A razão para este facto é a menor disponibilidade de presas de lobo para os chacais. Com base no que precede, pode observar-se que a relação biocenótica entre o lobo e o chacal tem a natureza de um comodismo.

A raposa e a corsa também não competem diretamente com o lobo devido à sua especialização alimentar. Tal como o chacal, estas espécies podem passar a alimentar-se preferencialmente de carniça, nomeadamente dos restos das presas dos lobos (quadro 3). Segundo os cientistas, ao examinar os estômagos das raposas, foram encontrados restos de saigas deixadas pelos lobos. Foram também observadas várias tartarugas perto dos restos das presas dos lobos. Durante a migração das saigas, foram observados corsários a perseguir as manadas. No entanto, durante a migração, a maioria dos corsaques são mortos pelos lobos [110, p.8-57]. Durante a investigação expedicionária em 2014, registámos casos em que dois lobos adultos atacaram um chacal no território da quinta tributária da Sociedade de Caçadores e Pescadores da República de Karakalpakstan. Bibikov D.I. et al. (1985) descreveram outro importante benefício ecológico dos lobos: "É bem sabido que as presas dos lobos permitem a existência de muitos "esponjas" - pequenos predadores com penas.

Quadro 3

Relações biocenóticas dos lobos com outros predadores

Relacionamento	Tipos		
	Chacal	Raposa	Korsak
Comer os restos da presa do lobo	+	+	+
A utilização das tocas pelos lobos		+	
Agressão direta	+	+	+
Presença de espécies de presas e de alimentos vegetais comuns aos lobos na sua dieta	+	+	+

A importância económica do lobo reside na forma e na quantidade com que elimina os ungulados na caça florestal. Nestas condições, a avaliação da sua atividade cinegética torna-se negativa. Os principais efeitos negativos do lobo são os seguintes: em primeiro lugar, ao aumentar o seu número, os lobos reduzem drasticamente o número de animais úteis; em segundo lugar, os lobos são portadores de doenças infecciosas como a sarna e a raiva; em terceiro lugar, causam grandes danos ao gado e à população local. Assim, de acordo com as nossas observações, em 2005, no distrito de Uchsai-Muynak, dois residentes da povoação foram atacados por lobos raivosos e ambos morreram um mês depois de raiva.

Os estudos anteriormente efectuados na região do Priaralie do Sul demonstraram que a avaliação da "nocividade" ou da "utilidade" do lobo foi feita com base em casos isolados, sem o necessário estudo de toda a abordagem complexa deste problema. A nocividade do lobo é determinada pelo facto de este destruir maciçamente os animais domésticos, que constituem uma parte significativa da sua alimentação. Esta situação manifesta-se claramente nas zonas onde a criação de gado está bem desenvolvida (distritos de Chimbay, Kegeyli, Takhtakupyr, Karauziak, Muynak e Kungrad).

Assim, verificámos que, com um aumento acentuado do número de lobos, há concentrações das suas alcateias em áreas densamente povoadas e vice-versa - com uma diminuição acentuada do número de lobos, há uma seleção de indivíduos especializados em animais domésticos.

Uma das caraterísticas ecológicas do lobo no Priaralie meridional é a especialização da

71

utilização do nicho ecológico. Isto significa que, tanto no caso de um número elevado como no caso de um número reduzido de lobos, os animais domésticos constituem um objeto prioritário da sua alimentação. Como resultado da análise dos dados do questionário, foi estabelecida a quantidade aproximada de danos causados pelos lobos ao gado no território da República de Karakalpakstan (Fig.30).

A análise mostrou que as principais vítimas dos animais domésticos são os pequenos e os bovinos.

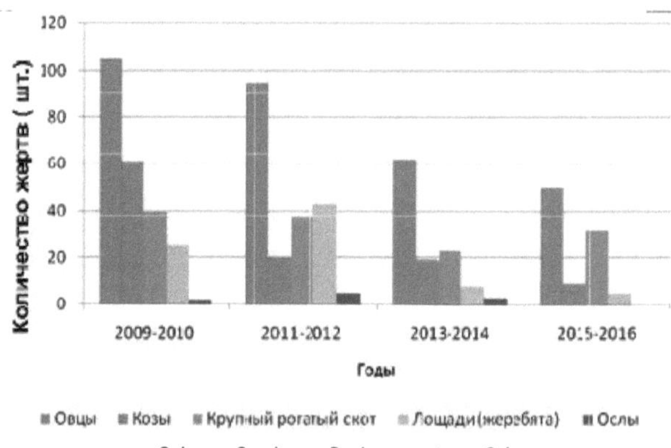

**Fig.30. Dinâmica dos danos causados pelos lobos ao gado
no território da República de Karakalpakstan em 2009-2016.**

Assim, com base no exposto, é evidente que a importância ecológica e económica do lobo reside no facto de manter o número de presas num estado ótimo através da sua predação, afetar significativamente a população de ungulados e poder servir como um importante mecanismo ecológico regulador. Ao mesmo tempo, o lobo é um fator que regula as relações interespecíficas entre os ungulados, e a sua atividade deve ser avaliada não só do ponto de vista da sua influência no número de uma ou outra espécie de presa, mas também em termos da fiabilidade e sustentabilidade com que protege a vegetação da sobreutilização pelos ungulados. Outro significado igualmente importante do lobo é o facto de o seu impacto transformar a composição das populações das suas presas e alterar a forma como estas utilizam o território. Neste caso, adquire um carácter evolutivo. Em todo o caso, a avaliação ecológica dos fenómenos naturais não deve ser substituída pela económica, e estas avaliações nunca serão coincidentes [8, p.620]. O lobo é um excelente "reprodutor", uma espécie-chave dos ecossistemas desérticos. Ele regula o número de ungulados selvagens, evitando o crescimento excessivo da população e o desenvolvimento de epizootias.

4.2 Gestão das populações de lobo

Até há pouco tempo, a questão da gestão das populações de lobo não era tão premente como é atualmente. No passado recente, havia uma opinião bem estabelecida sobre a nocividade do lobo e as medidas para exterminar o predador. No território dos países da CEI, houve uma luta pela erradicação da população de lobo. Como resultado, o lobo foi destruído na maior parte da sua área de distribuição, bem como nos territórios dos EUA, México e Europa Ocidental. Só a partir dos anos 30 do século passado é que os cientistas começaram a exprimir a sua opinião sobre a revisão dos pontos de vista enraizados sobre a nocividade do lobo. Na segunda metade do século XX, as atitudes humanas em relação à natureza e à conservação da biodiversidade mudaram radicalmente. Numerosos estudos sobre a ecologia do lobo e a sua relação com os ungulados selvagens confirmaram a incorreção da visão científica do programa de extermínio total do predador. A Sociedade Americana de Zoólogos organizou o primeiro Simpósio sobre o lobo em 1967. Durante este período, surgiram várias organizações de proteção do lobo em muitos países do mundo. Por iniciativa do WWF (World Wildlife Fund) e da UICN (União Internacional para a Conservação da Natureza), foi demonstrado um grande interesse pelo lobo, tendo este predador sido incluído na lista de espécies raras e ameaçadas do Livro Vermelho da UICN, não incluindo as subespécies russas. Em 1973, foi organizado o Grupo de Especialistas em Lobos da IUCN e, em 1973, a conferência da IUCN em Estocolmo, Suécia, adoptou o Manifesto Internacional para a Conservação do Lobo. Este Manifesto inclui uma Declaração de Princípios para a Conservação do Lobo e diretrizes recomendadas para a conservação do lobo. O Manifesto foi posteriormente revisto pelo Grupo de Especialistas para a Conservação do Lobo da UICN em 31 de janeiro de 1983, 20 de novembro de 1996 e 23 de fevereiro de 2000.

Em 1973, a Convenção sobre o Comércio Internacional das Espécies da Fauna e Flora Selvagens Ameaçadas de Extinção incluiu o lobo no Anexo II (espécies potencialmente ameaçadas), exceto no Butão, Paquistão, Índia e Nepal, onde consta do Anexo I (espécies ameaçadas de extinção total). O lobo está também inscrito no Anexo I (espécies estritamente protegidas) da Convenção de Berna (Convenção para a Conservação da Fauna Selvagem Europeia e dos seus Habitats Naturais, 19.09.1979). Com base nesta convenção, o lobo e o seu habitat recebem proteção total, embora o cumprimento desta disposição seja da responsabilidade de todas as partes contratantes.

É sabido que o principal objetivo da Convenção de Berna é manter e restabelecer populações viáveis de lobos em coexistência com os seres humanos como parte integrante dos ecossistemas e paisagens em toda a Europa. Tal como referido nesta Convenção, a recuperação e a proteção dos lobos representam uma parte essencial dos esforços de proteção da biodiversidade na Europa e de garantia da funcionalidade dos seus ecossistemas.

Ao considerarmos o Plano da Convenção de Berna em relação à parte europeia, partimos do princípio de que o alargamento das fronteiras à Ásia Central permitirá uma estratégia sensata na gestão das populações de lobo.

Os lobos são um objeto de estudo bastante difícil para os métodos tradicionais, pois a sua distribuição estava limitada a zonas remotas, eram muito móveis e a sua densidade populacional era muito baixa. Durante este tempo, foram desenvolvidos vários métodos para estudar a ecologia do lobo. No início da década de 1960, foi desenvolvido um método de manutenção de registos - o rastreio por rádio. Esta técnica é considerada particularmente valiosa para a investigação do lobo. O cientista americano Kolenoskj (Kolenoskj, 1967) foi o primeiro a efetuar o rastreio de lobos por rádio em Ontário, uma província do Canadá. Mech e Frenzel (1971) combinaram esta tecnologia com o seguimento e a observação aérea. Depois disso, este método passou a ser amplamente utilizado em muitos países do mundo. Este método está atualmente a ser utilizado por cientistas do Cazaquistão no âmbito do projeto Altyn Dala (um programa de parceria em grande escala de organizações de conservação nacionais e internacionais), o que lhes permitiu determinar o número de lobos, os seus movimentos diários e sazonais e as suas vítimas.

A gestão do lobo continua a ser uma questão extremamente controversa devido à complexidade do papel do predador na economia nacional e na vida selvagem. Atualmente, a República do Usbequistão é um dos países em que a redução e a gestão da população de lobos continua a ser uma das tarefas urgentes para a conservação da biodiversidade.

A gestão das populações de lobo tem as suas particularidades. É muito importante conhecer a estrutura territorial espacial das parcelas familiares e das alcateias. Para além disso, é importante ter informação sobre o número de áreas indígenas ocupadas pelos lobos, a fecundidade média, a mortalidade e a estrutura etária das suas populações. O conhecimento dos limites das áreas indígenas dos bandos familiares permite regular o seu efetivo de forma mais eficiente e competente.

Assim, para controlar o estado dos recursos de lobo na região do Priaralie meridional e coordenar os esforços dos inspectores e dos caçadores, justifica-se economicamente a criação de serviços operacionais especializados de gestão do lobo sob a alçada dos organismos de controlo, constituídos por guardas de caça e caçadores. Com a "regulação" parcimoniosa da população de lobo e a limitação da caça legal de ungulados, elimina-se a competição interpessoal do lobo e criam-se as condições mais favoráveis para a sua reprodução.

Para resolver os problemas de gestão da população de lobos, é necessário aplicar uma abordagem integrada que tenha em conta os aspectos ecológico-geográficos, socioeconómicos, morais e organizacionais. Tendo em conta os aspectos ecológicos, a gestão da população de lobos deve ter em conta a regulação do número de lobos para um limite mínimo ecologicamente justificado, que permita preservar populações viáveis e minimizar os danos económicos.

A única abordagem alternativa à gestão do lobo é uma abordagem diferenciada. Inclui a identificação regional e geográfica das zonas em que a área de distribuição do lobo deve ser reduzida devido aos danos evidentes causados ao gado e à silvicultura. Esta abordagem permitirá manter os números e a estrutura da população de lobos a um determinado nível num determinado território. A população de lobos num determinado nível, num determinado território. De acordo com D.I. Bibikov (1985), existem 4 tipos de regimes de controlo da população de lobos:

1. A regulamentação rigorosa inclui até a redução do habitat em regiões com elevada densidade populacional e utilização intensiva da natureza;

2. [2]Regulamentação moderada e manutenção da densidade média em não mais de dois animais por 1.000 km em regiões com baixa densidade populacional e gestão extensiva da natureza;

3. O estatuto de animal de caça encontra-se na área de distribuição dos ungulados selvagens;

4. Proteção - reservas e outras áreas protegidas.

Os resultados dos estudos mostram que, nas condições do Priaralie Meridional, tendo em conta a importância ecológica e económica do lobo, é recomendável aplicar a categoria de "regulamentação moderada" em alguns locais e a categoria de "proteção" na maioria dos casos. Nestes casos, é necessária uma abordagem diferenciada do ponto de vista ecológico para a regulamentação da dimensão da população de lobos. Na nossa opinião, a presença de lobos pode ser incompatível com actividades económicas humanas intensivas, pelo que deve ser planeada a melhor integração possível das actividades humanas com uma proteção razoável da biodiversidade. Uma vez que a regulação da sua presença no território de um Estado não pode ser confiada à reação individual de pastores que sofrem grandes prejuízos ou, mais ainda, de caçadores furtivos, o Plano de Gestão deve estabelecer uma série de metas, objectivos, critérios e métodos com base nos quais a presença desta espécie será ajustada. Sem limitar os objectivos à proteção de populações de lobo viáveis que não estejam ameaçadas pelos factores de risco mais prováveis, é necessária uma primeira reflexão sobre a gestão das populações de lobo por zona. Isto levaria a uma proteção total dos lobos apenas numa determinada parte do território, o que poderia provocar conflitos com agricultores e pastores em zonas mais propensas a ataques. Esta situação, por sua vez, exigiria uma série de medidas, tanto preventivas como corretivas, incluindo a remoção de alguns indivíduos à escala local.

A viabilidade de uma abordagem deste tipo deve ser avaliada a nível ecológico, social, administrativo, ambiental e ético. De um ponto de vista ecológico, parece possível e adequado: a elevada mortalidade anual de lobos devido ao abate ilegal ocorre principalmente nas zonas de produção pecuária mais desenvolvida. Assim, as populações de lobos podem tolerar estes sacrifícios da caça furtiva se forem geridas corretamente, prestando atenção ao calendário e a outros critérios.

CONCLUSÃO

A diversidade biológica é um grande trunfo para as gerações actuais e futuras. Cada espécie de ser vivo representa um resultado único da evolução, o que torna insubstituível a perda de genótipos. A redução irreversível da diversidade biológica (ao nível das espécies e dos ecossistemas) pode levar a perturbações irreversíveis na estabilidade de toda a biosfera.

Até à data, a regulação da população de lobos na região do Mar de Aral tem sido efectuada de forma espontânea, ao acaso, sem especial atenção às zonas indígenas de reprodução dos pares maternos, sem organização e coordenação dos esforços dos caçadores de lobos comuns. A análise das particularidades ecológicas e etológicas dos agrupamentos territoriais de lobo nas condições actuais do Priaralie meridional é muito relevante e oportuna. A diversidade das condições paisagísticas e climáticas, a variedade de biótopos, as diferentes cargas antropogénicas sobre a população de lobos e o seu habitat determinam a formação destas ou de outras caraterísticas da distribuição territorial, dos movimentos, da atividade diária e sazonal, dos padrões de alimentação e de algumas outras caraterísticas da ecologia do lobo no Priaralie Meridional. A análise quantitativa da dieta do lobo na parte central da região do Priaralie meridional mostrou que a maior parte pertence a recursos forrageiros de origem antropogénica (cerca de 56%), e os restantes 44% - a recursos forrageiros de origem natural.

A proporção dos diferentes grupos de sexo e idade nas populações determina a capacidade de reprodução num dado momento e revela a tendência das mudanças populacionais. Um aumento da proporção de jovens nas populações é o resultado de condições de reprodução favoráveis, um indicador da recuperação da população de uma depressão e do crescimento do número de animais. Em anos de baixo número de animais, observam-se alterações espaciais na população de predadores, que se manifestam numa separação significativa de grupos individuais - alcateias de lobos entre si e no seu confinamento a povoações, especialmente em torno de pequenos lagos. Assim, a observação da estrutura sexual e etária da população de lobos deve tornar-se um elemento importante de previsão das alterações populacionais necessárias para a utilização racional dos recursos dos predadores.

O lobo caracteriza-se pela sua grande plasticidade ecológica e por uma psique muito desenvolvida. Isto permite-lhe resistir com sucesso a toda a variedade de formas de o combater. Durante muito tempo, o comportamento dos animais, nomeadamente dos lobos, foi definido em termos dos seus instintos e reflexos condicionados. Os resultados obtidos no decurso do estudo mostram que a população de lobos em estudo é constituída por indivíduos unidos em alcateia que utilizam determinados territórios de sítios indígenas e por animais solitários que não fazem parte de uma alcateia e se caracterizam por uma grande mobilidade. A dimensão da área de habitat da população de lobos na região do Mar de Aral é determinada por uma determinada paisagem e varia consoante as zonas. A dimensão do território e a densidade de uma alcateia dependem da oferta de alimentos, da disponibilidade de abrigos e da localização de fontes de água.

Considerando o papel predador do lobo do ponto de vista biocenótico, deve notar-se que não são as espécies individuais da população de presas que interagem entre si, mas os seus grupos, que formam ligações ecológicas relativamente homogéneas. Em cada uma dessas ligações existem reacções compensatórias fortemente desenvolvidas que mantêm a estabilidade funcional do sistema "predadores - herbívoros - vegetação". Este ecossistema funciona como um todo unificado.

A dinâmica do número de animais é regulada por alterações na composição sexual da população. Nos anos em que o número de animais é elevado, os machos predominam na população e, nos anos em que o número de animais é reduzido, predominam as fêmeas. As alterações no número de predadores dependem da disponibilidade de alimentos. Em anos de baixa alimentação, a maioria das ninhadas encontra-se em condições desfavoráveis, as crias não têm comida e as mais fracas morrem. A regularidade da distribuição da densidade populacional do lobo, derivada da recolha de peles de lobo, pode ser utilizada para regular o número de lobos.

Para resolver o problema da gestão das populações de lobo, é necessário aplicar uma abordagem integrada que tenha em conta os aspectos ecológico-geográficos, socioeconómicos, morais e organizacionais. Os aspectos ecológicos devem ser tidos em conta na gestão das populações de lobos, regulando o número de lobos para um limite mínimo ecologicamente justificado, que permita preservar populações viáveis e minimizar os danos económicos. A única abordagem alternativa à gestão do lobo é uma abordagem diferenciada. Inclui a identificação regional e geográfica de zonas onde a área de distribuição do lobo deve ser reduzida devido a danos óbvios para a pecuária e a silvicultura. Esta abordagem permitirá manter a dimensão e a estrutura da população de lobos a um determinado nível num determinado território.

Como resultado do trabalho de tese sobre "Ecologia do lobo nas condições (*Canis lupus* Linnaeus) do Priaralie Meridional" foram obtidas as seguintes conclusões:

CONCLUSÕES

Como resultado da investigação do trabalho científico sobre o tema "Ecologia dos lobos nas condições (*Canis lupus* Linnaeus) do Priaralie do Sul" foram obtidas as seguintes conclusões:

1. [22]As áreas espácio-territoriais das alcateias diferem em tamanho, sendo as maiores áreas territoriais das alcateias típicas do Planalto de Ustyurt (800 - 1200 km) e as mais pequenas da zona central de Priaralie (150 - 220 km).

2. Pela primeira vez, foi revelado que os lobos utilizam ativamente recursos de origem antropogénica: no planalto de Ustyurt 20%, na zona central 56%, e alimentos de origem natural no planalto de Ustyurt - até 80%, na zona central - até 44%.

3. Nas condições do Priaralie meridional, foram identificados 2 tipos principais de covis: covis formados e fracamente formados em locais protegidos, que têm formas de transição distribuídas por diferentes paisagens. Os lobos fazem covis em tocas formadas no planalto de Ustyurt, nas matas ripícolas e de juncos, na zona desértica de Kyzylkum, e as tocas fracamente formadas são inerentes aos lobos no baixo rio Amudarya.

4. A gestação nos lobos do Priaralie Sul ocorre mais tarde do que noutras áreas da sua distribuição, começando no início de fevereiro e terminando na segunda década de fevereiro. O número de crias numa ninhada varia de 2 a 10, com um tamanho médio de 5,9 lobos. A fecundidade das fêmeas depende principalmente da disponibilidade de alimentos durante a época de reprodução, bem como da idade da loba, da densidade da sua própria população e da intensidade do extermínio humano.

5. Com base nos dados obtidos, foi determinada a proporção entre os sexos ($:$) na população modelo de lobos nas condições do Priaralie do Sul, onde se observou uma ligeira predominância de machos (5:3). Devido à caça furtiva intensiva por parte dos pastores e da população local, registou-se um aumento acentuado da proporção de fêmeas na descendência (1:2,5).

6. A saiga (*R=0,71*) e a gazela (*R=0,39*) são as principais presas do lobo, que dependem linearmente da densidade do predador. Isto mostra que a relação entre o lobo e estas presas tem uma tendência positiva.

7. A importância ecológica e económica do lobo reside no facto de, através da sua predação, manter o número de presas num estado ótimo, influenciar significativamente a população de ungulados e poder servir como um importante mecanismo ecológico regulador. A relação do lobo com outros mamíferos predadores da biocenose conduzirá à sua sobreposição parcial de nicho ecológico espacial e de forrageamento.

8. A necessidade de uma abordagem diferenciada da gestão das populações de lobo nas zonas naturais do Priaralie meridional depende das caraterísticas ecológicas dos agrupamentos territoriais de lobos, bem como da transformação antropogénica das paisagens e do regime de gestão da natureza.

9. Tendo em conta a importância ecológica e económica dos lobos nas condições do Priaralie Meridional, recomenda-se a utilização da categoria de "regulamentação moderada" e, na maioria dos casos, da categoria de "proteção" para regulamentar o

número de lobos.

10. Os mapas ecológicos SIG desenvolvidos de parcelas familiares permanentes de lobo são recomendados para monitorizar o estado da fecundidade, mortalidade, estrutura populacional e recursos forrageiros do lobo.

RECOMENDAÇÕES PRÁTICAS

1. É necessário monitorizar a distribuição espacial da população de lobo no Priaralie Meridional, a fim de recolher informações sobre o número de áreas indígenas por ela ocupadas, a fecundidade média, a mortalidade e a estrutura etária das suas populações. O conhecimento dos limites das áreas autóctones das alcateias familiares permite regular o seu efetivo de forma mais eficaz e competente.

2. Para controlar o estado dos recursos de lobo na região do Priaralie meridional e coordenar os esforços dos inspectores e dos caçadores, justifica-se economicamente a criação de serviços operacionais especializados de gestão do lobo sob a alçada dos organismos de controlo, constituídos por guardas de caça e caçadores.

3. O controlo do número de lobos e a fiabilidade da contagem e da distribuição espacial do lobo só é possível com a cartografia ecológica das alcateias familiares permanentes da população de lobos, com a monitorização anual do estado da fecundidade, da mortalidade, da estrutura da população e do estado dos recursos forrageiros.

4. Tendo em conta os aspectos ecológicos, a gestão das populações de lobo deve ter em conta a regulação do número de lobos para um limite mínimo, ecologicamente justificado, que permita preservar as populações viáveis e minimizar os prejuízos económicos .

LISTA DE REFERÊNCIAS

1. Aimuratov R.P., Pirzhanova R.K. Dinâmica da flora de Karakalpakstan // "Dinâmica e potencial do ambiente natural de Karakalpakstan. - Nukus. - Karakalpakstan. - 2017. - C.78 - 90.

2. Badridze Ya. Lobo Questões de ontogénese do comportamento, problemas e método de introdução. - M: Izd - voe Geos. - 2004. -34 c.

3. Barabash - Nikiforov, Formozov A.N.-Teriologia. - M: Gosizdat. - 1963. - 396 c.

4. Batyrov B.H. Para a história da teriofauna do vale de Zerafshan na Antropogenia. // Materiais da conferência científica e técnica republicana de jovens cientistas e estudantes de pós-graduação. - Samarkand: 1968. - C.60 - 63.

5. Bakhiev A., Butov K.N., Tadjitdinov M.T. Dynamics of plant communities of the southern Aral Sea region in connection with changes in the Aral Sea basin hydroregime. - Tashkent. - Fan. - 1977. - 80 c.

6. Bakhiev A.B., Treshkin S.E., Kuzmina J.V. Análise e avaliação do impacto de factores antropogénicos na vegetação ribeirinha do delta do Amu Darya // Boletim da KKO AS da República do Uzbequistão. - № 2. -Nukus. - 1996. - C. 3 - 8.

7. Bykova E.A., Esipov A.V. Saiga no Uzbequistão: tendências de mudança de estatuto, ecologia e medidas de proteção // Actas do XXIX Congresso Internacional de Biólogos e Cientistas da Caça. - M. - P.8 - 9.

8. Bibikov D.I. et al. Wolf. - M.- Nauka. -1985. - 605 c.

9. Bologov V. Controlo do número de lobos // Caça e economia cinegética. - 1984. - № 2. - C.4 - 5.

10. Bondarev A.Ya. Sex ratio in wolves is an indicator of population fluctuations // Ecological bases of protection and rational use of predatory mammals: Proceedings of the All-Union Council. - Moscovo: Nauka. - 1979. - 88 c.

11. Bondarev A.Ya. To characterise the reproduction of wolves in Altai and southern Western Siberia // Quantitative methods in vertebrate ecology. - Sverdlovsk. - 1983. - C.78 - 91.

12. Bondarev A.Ya. Lobo do sul da Sibéria Ocidental e Altai. -Barnaul. - Izd-vo Barnaulsk. gos. ped. un-ta. - 2002. - 176 c.

13. Bondarev A.Ya. Sobre os princípios de regulação do número de lobos // Boletim da Universidade Agrária do Estado de Altai. - №9 (95). - 2012. - C. 70 -71.

14. Boreyko V.E. Em defesa dos lobos. - Proteção da vida selvagem. - Vyp. 68- Kiev. - 2011. - 156 c.

15. Becker L., Nasiadka P., Korablev P.N., Bolotov V.V.. Impacto do lobo na atividade humana e limites da regulação humana do número de lobos na região de Tver (Federação Russa) // XXIX Congresso Internacional de Biólogos - Cientistas de Caça. - M.- 2009. -C.5 - 6

16. Vanisova E.A. Atractores no campo da sinalização biológica de algumas espécies de mamíferos. -Autoref. diss.... Candidato de Ciências Biológicas - Moscovo - 2013. - 25 c.

17. Viktorov S.V. Ustyurt desert and issues of its development. - Moscovo: Nauka. -

1971. -177c.

18. Geptner V.G. Mamíferos da União Soviética. - T.2. 4.1. - Vacas marinhas e carnívoros. - Moscovo: Vysh. shk. - 1967. - C.123 - 193.

19. Gubar Yu.P. Recomendações metódicas sobre a contagem de lobos pelo método de mapeamento de habitat / Instituto Central de Pesquisa Científica de Glavohoty RSFSR. - M.- 1987. - 29 c.

20. Gursky I.G. Wolf in the North-Western Black Sea coast (habitat, population structure, reproduction) // Bul. of MOIP, Biol. MOIP, Departamento de Biol. - 1978. - T.83. - Vol. 83. 3. - C. 29-38.

21. Dewsbury D. Animal behaviour: Comparative aspects (Comportamento animal: aspectos comparativos). - ML: World. -1981. - 40 c.

22. Zavatsky B.P. Para a ecologia do lobo (Canis lupus L.) do Sayão Ocidental // Caça - recursos comerciais da Sibéria. Novosibirsk: Nauka. - 1986. - C. 118 - 125.

23. Zavatsky B.P. Orientações metodológicas para a contagem de lobos pelo método de mapeamento de habitat. - M. - 1987. - 29 c.

24. Zvorykin N.A. Wolf. - M.-L.; KOIZ. - 1937. - 119 c.

25. Zorina Z.A., Poletaeva I.I. Pensamento elementar sobre os animais. / Guia de estudo. - Moscovo: Aspect Press. - 2002. - 320 c.

26. Zyryanov A. N. O lobo na reserva natural de Stolby // Boletim. MOIP. Biol. 1995. T. 100. - Vol. 1. - C. 20-33.

27. Karpenko N. T. Ecologia do lobo //Astrakhansky Vestnik de Educação Ambiental. -№ 2 (18). -2011. - C. 165 - 167.

28. Klevezel G.A. Principles and determinations of the age of mammals M: T - duas edições científicas de KMK. - 2007. - 283 c.

29. Kleimenova I . E. Zonagem ecológico-geográfica Karakalpak Ustyurt // Boletim OGU n.º 10 (116). - 2010. - C.106 -111.

30. Kozlov V. V. Wolf and ways of its extermination. - M. Selkhozgiz, - 1955. -85 c.

31. Kozlov V.V. Os lobos das estepes florestais da Sibéria e a sua exterminação. - Krasnoyarsk: Kn. izd - vo. 1966. - 129 c.

32. Kozlovsky I. Regulação do número de lobos - a responsabilidade do Estado// Caça e economia cinegética. - 2015. - № 5. - C. 1 -5.

33. Kohli G. Análises de populações de vertebrados. - M. Mir. - 1979. - 362 c.

34. Korytin S.A. Trudy VNIIOZ a.- Kirov. - 1976. - 500 c.

35. Korytin S.A. Os cheiros na vida dos animais. - MOSCOVO: URSS. - 2010. -127 c.

36. Korytin S.A. Comparative Behaviour of Dogs (Canidae). - Kirov: VNIIOZ. -2011. - 64 c.

37. Kochetkov V.V. Biologia do lobo na região do Alto Volga (com base no exemplo da área da Reserva Estatal da Floresta Central). - autoref. diss. Candidato de Ciências Biológicas. - M., 1988. - 20 c.

38. Kochetkov V. Gestão das populações de lobo: desejada ou atual// Caça e economia da caça. - 2013. - № 2. - C. 10 -15

39. Krushinsky L. V. Bases biológicas da atividade de raciocínio. Moscovo: Izd-vo MSU. - 1986. - 105 c.

40. Kudaktin A.N. Wolf behaviour in a protected ecosystem // Wolf behaviour / IEMEJ of the USSR Academy of Sciences. - 1980. - C.90 - 102.

41. Kudaktin A.N. Wolf of the Western Caucasus   (Ecology, comportamento, posição biocenótica). - autoref. dis...kand. biol. sciences. - M.- 1982. - 22 c.

42. Kudaktin A.N. Lobo no Cáucaso russo - estratégia de gestão // XXIX Congresso Internacional de Biólogos - Cientistas de Caça. - M.- 2009. - C.5.

43. Kudaktin A.N. Distribuição moderna e abundância do lobo no território do Distrito Federal do Sul // Herald of Hunting Science. - 2011. - Vol. 8. - № 1. - C. 26 - 34.

44. Kudaktin A.N. Métodos de contagem de predadores nas montanhas do Cáucaso // Vestnik Okhotovedeniya. - Vol. 8. -№1. -2 011. - C.104 - 108.

45. Kidirbaeva   A.Y.,   Mamabetullaeva   S.M.   Ecology   of   the   wolf (CanisLupusLinnaeus,1758) in modern conditions of the Southern Priaralie // Izvestia Dagestan State Pedagogical University. - Série Ciências naturais e exactas. - Dagestan. -2009. - №2 (7). - C.41- 43.

46. Kidirbaeva A.Y., Mambetullaeva S.M. Para a questão da determinação do número da população de lobos nas condições da região do Sul do Mar de Aral // Boletim do KCO da Academia de Ciências da República do Uzbequistão. - Nukus. -2009. -№ 4. - C.44 - 45.

47. Kidirbaeva A.Y., Mambetullaeva S.M. Estrutura ecológica da população de lobos nas condições do Priaralie do Sul // Jornal Biológico Uzbeque.- 2011.- № 4. -C.38 - 41.

48. Kidirbaeva A.Y., Mambetullaeva S.M. Mamíferos predadores na transformação do ambiente natural do Priaralie do Sul // Relatórios da Academia de Ciências da República do Uzbequistão. -2014. - №4. - C.80 - 81.

49. Kidirbaeva A.Y.Yu.Pack e territorialidade do lobo nas condições do Priaralie do Sul // Boletim do KKO da Academia de Ciências da República do Uzbequistão. - 2015. - №4. - C.63 - 66.

50. Kidirbaeva A.Y. Análise da dinâmica da população de lobos nas condições do Priaralie do Sul // UzMU Khabarlari. -2016. - №3/2. - C.52 - 55.

51. Kidirbaeva A.Yu. Tocas e abrigos de mamíferos predadores nas condições do Priaralie do Sul// Vestnik KKO AS RUz. - 2017. - №1. - C.65 - 68.

52. Kidirbaeva A   .Yu.   Nutrição do lobo nas condições do sul da Rússia Priaralie// Vestnik KKO da Academia de Ciências da República do Uzbequistão. - 2017. - №2. - C.17 - 19.

53. Kidirbaeva A.Y., Mambetullaeva S.M., Asenov G. Para a ecologia do lobo (*Canis lupus Linnaeus,1758*) nas condições do Priaralie do Sul // Actas da conferência científico-prática republicana "Problemas de utilização racional dos recursos naturais do Priaralie do Sul". - Nukus. - 2008. - C.68 - 69.

54. Kidirbaeva A.Y., Mambetullaeva S.M. Some regional peculiarities of wolf ecology in the Southern Priaralie // Actas da conferência científica "Atual problems of biodiversity conservation". - Tashkent. - 2010. - C.53 - 56.

55. Kidirbaeva A.Y., Mambetullaeva S.M. Some features of the bioecology of the wolf in the Southern Priaralie // Actas da Conferência Científica e Prática Republicana "Achievements, prospects of development and problems of natural science". - Nukus. - KSU. - 2011. - C.21.

56. Kidirbaeva S.M., Mambetullaeva S.M. Caraterísticas da estrutura populacional do lobo na região do Mar de Aral do Sul // Actas da Conferência Científica e Prática Republicana "O papel das mulheres cientistas no desenvolvimento da sociedade". - Nukus. -KGU. - C. 164 - 167.

57. Kidirbaeva A.Yu. Problems of wolf population management in the Southern Priaralie// Actas da Conferência Internacional "Sustainable Development of the Southern Priaralie". - Nukus. - 2011. - C. 39 - 40.

58. Kidirbaeva A. Y., Mambetullaeva S.M., Matmuratov M . . Importância ecológica e económica do lobo no Priaralie do Sul // Actas da IV Conferência Internacional Científica e Prática "Problemas de utilização racional e proteção dos recursos biológicos do Priaralie do Sul, Nukus, Ilim, 2012. - C.75 - 76.

59. Kidirbaeva A.Y., Matsapaeva I., Nysanova S. Biological basis of wolf accounting by mapping method // Materiais da conferência científico-prática republicana "Utilização racional dos recursos naturais do Priaralie do Sul". - Nukus. - 2012 - C.64 - 65.

60. Kidirbaeva A.Yu. Para a questão da sistemática do lobo do Priaralie do Sul // Materiais da conferência científica - prática republicana "Utilização racional dos recursos naturais do Priaralie do Sul". - Nukus. -2013. - C.66 - 69.

61. Kidirbaeva A.Y. Mamíferos predadores do Priaralie meridional // Actas da conferência científico-prática republicana "Ecologia e Física". - NSPI. - Nukus. - 2013. - C.73.

62. Kidirbaeva A.Yu. Matilhas e movimentos territoriais de lobos nas condições do Priaralie do Sul// Actas da Conferência Científica e Prática Republicana "XXI esir - intellectual jaslar esiri". - 2015. - C.152 - 155.

63. Kidirbaeva A.Yu.Teoria do campo de sinalização biológica no estudo dos aspectos etológicos dos mamíferos predadores da região do Mar de Aral // Materiais da conferência científico-prática republicana "IV Utilização racional dos recursos naturais da região meridional do Mar de Aral". - Nukus. - 2015. - C. 143.

64. Kidirbaeva A.Y. Predatory mammals in the transformation of the natural environment of the Southern Priaralie// Actas da XXIV Conferência Internacional Científica e Prática "Science in the Modern World". - (Rússia, Taganrog). -2015. - C.6-9.

65. Kidirbaeva A.Yu. A questão da gestão da população de lobos no Priaralie do Sul// Actas da XXIV Conferência Internacional Científica e Prática "Ciência no Mundo Moderno". - (Rússia, Taganrog). - 2015. - C.9 - 12.

66. Kidirbaeva A.Yu. Some aspects of wolf ecology in the conditions of the Southern Priaralie// Actas da Conferência Republicana Científica e Técnico-Científica "Uzbekistonning bioecologik muammolari". - Termez. - 2016 - C.19 -20.

67. Kidirbaeva A.Yu. O estado atual da população de lobos na Prearalie do Sul // Actas da Conferência Científica e Prática Republicana "V Utilização racional dos recursos naturais na Prearalie do Sul". - Nukus. - KSU. -2016. - C.51-53.

68. Kidirbaeva A.Yu. Algumas caraterísticas da reprodução do lobo nas condições do Priaralie do Sul // Actas da Conferência Científica e Prática Republicana "VI Utilização racional dos recursos naturais no Priaralie do Sul". - Nukus. - KSU. -2017. - C.51 - 54.

69. Kohli G. Análise de populações de vertebrados. - M.: Mir. - 1979. - 363 c.

70. Lavov M.A. Números e particularidades do modo de vida por regiões. Krasnoyarsk Krai, Irkutsk e Chita Oblasts / Wolf. Origem, sistemática, morfologia, ecologia -M.: Nauka, 1985. - C. 539 - 543.

71. Lakin, G.F. Biometria. - Moscovo: Vyshaya Shkola, 1980. - 292 c.

72. Lineitsev S. N. Lobos do planalto de Putorana // Caça e economia cinegética. 1983. - № 3. - C. 7 - 8.

73. Lopatin G.V., Dengina R.S., Egorov V.V. O Delta do Amu Darya. - M., L: Izd-constituion of the USSR Academy of Sciences. -1958. - 148c.

74. Manteifel P.A. Vida de animais portadores de peles. - M.- 1947. -55c.

75. Makridin V.P. Wolf // Grandes predadores e animais ungulados. - M.: Lesn. promst. -1978. - C. 8 - 50.

76. Mac - farland Comportamento animal: psicobiologia, etologia e evolução - M.: Mir, 1988. -520 c.

77. Marakov S.V. Nas selvas de Pribalkhashia. - M: Nauka. -1969. - 25c.

78. Mambetullaeva S.M., Análise da dinâmica do número de populações comerciais de rato almiscarado. //Autoref. dissertação...kand.biol.nauk. - Ekaterinburg. - 1994. - 24c.

79. Mambetullaenva S., Reimov R. Estudo da correlação entre a influência de factores abióticos e bióticos na dinâmica populacional da ratazana de Zakaspian // Boletim do KKO da Academia de Ciências da República do Uzbequistão-1997. - № 4. - C.80-83.

80. Mambetullaeva S.M., Kidirbaeva A.Y. Bioecological features of the wolf (CanisLupusLinnaeus, 1758) in the conditions of the Southern Aral Sea region // Scientific Medical Bulletin. -Tambov (Rússia). - 2015. - №2(2). - C.76 - 82.

81. Menning O. Animal Behaviour: An Introductory Course. - M.: Mir. -1982. - 100c.

82. Mikhailov, A. Mamontov A. // O lobo é um problema nacional // Caça e economia cinegética. - 2004. - N 7. - C. 10 -12.

83. Mozgovoy D.P., Vladimirova E.D. Signal fields and animal behaviour in signal-information environment // Izvestia Samara Scientific Centre of the Russian Academy of Sciences. - т.4. - №2. - 2002. - C.207-215

84. Momotov I.F. Complexo vegetal de Ustyurt. -Tashkent: Izd. da Academia de Ciências de Uz. SSR. - 1953. - 200 c.

85. Novikov G.D.   Estudos de campo sobre a ecologia dos animais terrestres Vertebrados - M.: Sov. Nauka. -1953. - C.187 - 263.

86. Novikov G.A. Mamíferos predadores da fauna da URSS Y. - M.; L.: Izd - vo AS USSR. - 1956. - 293 c.

87. Nikolsky A.A., Rozhnov V.V. O campo da sinalização biológica dos mamíferos. - M.- Parceria de edições científicas da KMK. - 2013. - 323 c.

88. Nuratdinov T. Ecologia dos animais predadores do rio Amudarya e sua importância económica. // autoref.dis... Candidato de Ciências Biológicas. - Alma-Ata. - 1969. - 21c.

89. Ovsyanikov N. G. Mecanismos comportamentais dos processos intrapopulacionais de mamíferos predadores do Ártico // authroref. diss.d.b.n.s. - Moscovo. - 2012. - 48 c.

90. Oreshin A.M. Hydrological sketch of the Amu Darya section from Tuyamuyun to the Aral Sea. - In: Materiais sobre as forças produtivas da UzSSR. -Vyp 10. -Tashkent. Casa Publicadora da Academia de Ciências da URSS. - 1959. - C.35-53.

91. Pavlov M.P. Wolf. - M.- Agropromizdat. - 1990. - 351c.

92. Pavlinov I.Ya. Systematics of modern mammals (Sistemática dos mamíferos modernos). -Universidade de Moscovo. - 2003. -C. 196-197.

93. Palvanazov M. Predatory animals of Central Asian deserts (Animais predadores dos desertos da Ásia Central). - Karakalpakstan, 1974. -320 c.

94. Palvaniyazov M. Mamíferos do Priaralie Meridional em condições de alteração antropogénica da paisagem - Tashkent. - FAN. -1990. -76c.

95. Plaksa S. A., Yarovenko Y. A., Mirzoev G. A. Z. Distribuição espacial e dinâmica do número de lobos no Daguestão // Izvestia Dagestan State Pedagogical University. - Ser.: Ciências naturais e exactas. - 2011. - № 3. - C. 47-53.

96. Plokhinsky N. A. Biometria. - Novosibirsk: Izd vo SO AS USSR. - 1961. - 364 c.

97. Plokhinsky, H.A. Análise de dispersão do poder de influência // New in biometrics. - Moscovo: MGU ed. -1970. - C. 31- 67.

98. Priklonsky S.G. Extent of daily movement and some issues of ecology and importance of the wolf in winter // Proc. of the Central Research Institute of Glavohoty RSFSR. Instituto Central de Investigação de Glavohoty RSFSR. -Registo de rota de inverno de animais de caça. - M., 1983. - C.131-158.

99. Reimov R. Mammals of the Southern Priaralie (ecology, protection and utilisation). - Tashkent: Fan. - 1985. - 96 c.

100. Reimov R. Sobre o estado e as tarefas de proteção da fauna em Karakalpakstan // Boletim da KKO AS RUz. - 2000 г. №1-2. - C.3-6.

101. Reimov R.R., Reimov A.R. Aspectos ecológicos da proteção e utilização da população de vertebrados terrestres da região do Mar de Aral nas condições da crise do Aral // Boletim do KKO da Academia das Ciências da República do Uzbequistão. - 2000 -№1-2. -C.9 - 11.

102. Reimov R. Condição dos mamíferos do oásis de Khorezm em condições de transformação antropogénica da paisagem // Boletim do KKO da Academia de

Ciências da República do Uzbequistão. - 2000 г. №1-2. - C.3 - 6.

103.   Reimov R.R., Reimov A.R. Animais de caça do oásis de Khorezm e desertos adjacentes alguns aspectos da sua conservação e utilização sustentável // Boletim do KCO da Academia de Ciências da República do Uzbequistão. -2003 г. №3. - C.30 -33.

104.   Reimov R., Pirzhanova R., Tazhimuratov P. Regularidades da formação da composição faunística da parte sul de Karakalpakstan // Boletim de KKO AS RUz. - 2005 г. №5. - C.17-20.

105.   Reimov R., Pirzhanova R., Tazhimuratov P. Peculiaridades da composição faunística da parte central de Karakalpak Ustyurt // Bulletin of KK FAN UzR. -2006. №1. - C.12-15.

106.   Rogov M.M. Hydrology of the Amu Darya Delta. - L.: Gidrometizdat. - 1957. - C. 10 - 17.

107.   Rukovsky, N.N. Santuário de quadrúpedes. - M. "Agropromizdat". -1991. - C.84 -109.

108.   Ryabov L. Lobo: origem, sistemática, morfologia, ecologia // "Caça e economia da caça. -№ 3. - 1980. - C.12 - 14.

109.   Sludsky A. A. Relação entre predadores e presas (sobre o exemplo de antílopes e outros animais e seus inimigos) // Proc. do Instituto de Zoologia. Academia de Ciências do KazSSR. Alma-Ata, 1962. - T. 17. - C.24 - 143.

110.   Sludsky A.A. Wolf (*Canis lupus.*, 1758) Mammals of Kazakhstan. - Alma-Ata: Nauka. -1981. - T. 3. - Ч. 1. - C.8-57.

111.   Smirnov B.C. Control of wolf population dynamics by age composition of prey animals (methodical recommendations). - Sverdlovsk: UNTs da Academia de Ciências da URSS. -1985. -75 c.

112.   Smirnov M.N. Lobo (*Canis lupus* L). -Mamíferos da bacia do lago Baikal. - Novosibirsk: Nauka. -1984. - C. 44 - 45.

113.   Suvorov A. P. O lobo e os ungulados: aspectos da gestão // Caça e economia cinegética. -2004. - № 3. - C. 1-3.

114.   Suvorov A. P. Wolf in the Yenisei basin (biological aspects of population management) // autoref. diss. Candidato de Ciências Biológicas - Krasnoyarsk -2004. - 27 c.

115.   Suvorov A.P. Lobo: problemas de gestão de recursos // National Hunting Journal. -№9. - 2009. - C.18 - 22.

116.   Suvorov, A. Wolf: from extermination to population management // Caça e economia cinegética. - 2011. - № 12. - C. 1-3.

117.   Suvorov A. Contagem de lobos em parcelas familiares ocupadas // Caça e economia cinegética. - 2014. - № 11. - C. 12-14

118.   Suchkov S. P. Solos da região de Khorezm. - No livro de Materiais sobre as forças produtivas do Uzbequistão, vol.10. Condições naturais e recursos do curso inferior do Amu Darya. -Tashkent. - Iz-voy AN UzSSR. -1959. - C.202 - 209.

119.   Tazhimuratov P.A. Composição florística moderna da parte Karakalpak de Ustyurt. // Boletim de KKO AS RUz. -2001. - №6. - C. 20 - 21.

120. Taubaev T. Vegetação aquática do curso inferior do rio Amu Darya. Tese do autor de Candidato a Ciências Biológicas. - Tashkent. -1954. -17c.

121. Tirronen K. F. Grandes mamíferos predadores da região de Karelian-Murmansk (ecologia, gestão, proteção). - 03.00.16 - ecologia. - 06.02.03 - criação de animais e ciências cinegéticas. - Autoref. diss. k.b.n.- Balashikha. - 2009. - 12 c.

122. Tumanov I.L. Caraterísticas biológicas dos mamíferos predadores da Rússia. - SP. - Nauka. -2003. - C. 52-57.

123. Tupikova N.V., Komarova L.V. Principles and methods of zoological mapping. - M: Universidade Iz-vo de Moscovo. - 1979. - 192c.

124. Fedosenko A.K. Lobos. - Alma-Ata. -Kainar. -1986. - 95 c.

125. Filimonov A.N. Biologia do lobo dos semi-desertos do Cazaquistão: Cand. diss. - M. -1982. -27c.

126. Filimonov A.N. Observations on wolf and saiga in the south of Aktobe region / Ungulate faunas of the USSR. - M.: Nauka. -1975. - C.207-208.

127. Filonov K.P. Mamíferos predadores. - M.-1981. - 161c.

128. Tsyndyzhapova S.D. Estado da população de lobos e seu controlo na região de Irkutsk // Materiais da conferência dedicada ao 50º aniversário da Faculdade de Ciências da Caça. Ч. 1. - Irkutsk: Academia Estatal de Caça de Irkutsk -2000. - C.209 -215.

129. Tsyndyzhapova S.D. Especialização da alimentação do lobo em Pribaikalye // Conferência de professores e estudantes de pós-graduação 29 de fevereiro 3 de março de 2000. - Irkutsk. - 2000. - C.39.

130. Tsyndyzhapova S.D. Ecology of the wolf (Canis lupus L., 1758) in the conditions of specially protected natural areas (on the example of the Pribaikalsky National Park). - Ulan-Ude, 2003. - 20 c.

131. Shkvyrya G.M. Distribution, peculiarities of ecology and behaviour of the wolf *(Canis lupus)* on the territory of Ukraine. - Kiev. -2008. -28 c.

132. Shkvyrya M.G. Conflito entre humanos e predadores no território da Ucrânia. - K.: Print Quick. - 2012. -72 c.

133. Chauvin R. Animal Behaviour. - Moscovo: KD "Librocom". - 2009. - 487 c.

134. Hernández - Blanco José Antonio A organização espacial e etológica dos agrupamentos populacionais mínimos do lobo Canis lupus lupus L., 1758 num aspeto comparativo. - 03.00.08 - zoologia. - autoref. diss.... Candidato de Ciências Biológicas - Moscovo. -2004. - C.25.

135. Ehrman D., Parsons P. Genetics of Behaviour and Evolution. - M.: Mir. - 1984. - 568c.

136. Ozolins J., Zunna A., Pupila A., Ornisats A., Bagrave G. Alterações na nutrição, estrutura demográfica e reprodução do lobo e do lince na Letónia associadas à recente implementação da política de conservação // XXIX Congresso Internacional de Biólogos - Cientistas da Caça. - M.- 2009. - C.5.

137. Kharchenko N.N. Tocas de animais, sua estrutura, funções, tipologia // Boletim Florestal. - №2. - 2005. - C. 72-84

138. Hynde R. Animal Behaviour. - M.: Mir. -1975. - 856 c.

139. Hedrzak M., Cywicka D., Grzygorzyk O. Análise dos danos causados pelos lobos (Canislupus) no sudoeste da Polónia // XXIX Congresso Internacional de Biólogos - Cientistas de Caça. - M.-2009. - C.5.

140. Cherenkov S.E., Poyarkov A.D. Wolf, jackal. - M. - Editora Astrel. - 2003. - C.7- 95.

141. Corbet G. B. The mammals of the palaearctic region. A taxonomic review British Museum (Natural History) and Cornell University Press, London and Ithaca (NY) vii 1978. -314pp.

142. Ellerman, J.R.; Morrisson-Scott,T.CS. Checklist of Palearctic and Indian mammals. Segunda edição. British Museum (Natural History). - London. -1966. - p. 1756 -1946.

143. Goldman E. The wolves of Norts America: Classification of wolves // In: The Amer. Wildlife Inst Wash. -1944. - Pt.2. - p.387-636.

144. Haber G, 1996. Biological, conservation and ethical implications of exploiting and controlling wolves // Conservation biology. - V. 10, № 4. - p. 1068 - 1081.

145. Kidirbaeva A.Yu., Mambetullaeva S.M. Aspectos etológicos do lobo *(Canis lupus linneus, 1758)* na região do mar de aral // Austrian Jurnal of Technical and Natural Sciences .- 2016.- № 11-12.-p.3-5.

146. Kolenoskj G. Predação de lobos em veados invernantes no centro-leste do Ontário // J. Wildlife Manag. Wildlife Manag. -1972. - Vol. 36. - № 2: - p. 358 - 359.

147. Mech D. O lobo: ecologia e comportamento de uma espécie em vias de extinção// The Natur. Hist. Garden City Press. -1970. - 834 p.

148. Mech D.L., Frenzel L. Ecological studies of the timber wolf in Northeastern Minnesota -US Dep. of Agr. Agr. Forest.Serv. Res.Pap.1971 a NO-52. - 62

149. Mech D. Canis lupus: Espécies de mamíferos // Amer. Soc.Mammal. -1974. - p 6.

150. Mech D. Wolf pack buffer zones as prey reservoirs // Science. -1977. -Vol. 198. -№ 4314. -p. 320-321.

151. Mech D. L., Boitani Wolves: Behaviour, Ecology, and Conservation University of Chicago Press. -2003. - 472 p.

152. Murray D. L., Waits Received L. P. Estatuto taxonómico e estratégia de conservação do lobo vermelho ameaçado de extinção: uma resposta a Kyle et al. (2006). //Conserv Genet: Springer Science+Business Media B.V. 2007. -№8. -483- 485p.

153. Peterson R Ecologia do lobo e relação com as presas em Isle Royale // U.S. Nat. Park Serv. Sci. Monogr. Ser. 1977. -№ 71. -p. 210.

154. Pocock R. As raças de Canis lupus. - Proc.Zool. Soc.London. - 1935. - p.647- 686

155. Rauh R.A. Some aspects of the population ecology of wolves, Alaska /R.A. Rauh // Amer. Zool. 1967. -№ 7. -p. 253-266.

156. Reinhardt Ilka, Kluth Gesa, Nowak Sabina, Myslajek Robert W.Normas para a

monitorização da população de lobos da Europa Central na Alemanha e na Polónia //
BfN -Skripten 398. - 2015. - 44p.

**Figura 1. Habitats típicos do lobo
(Aspantai - sítio de modelos Shakman)**

Figura 2. Medições dos rastos de lobo de acordo com o método de Novikov (1953)

Figura 3. Toca de lobo detectada no território do sítio-modelo de Aspantai-Shakaman

Figura 4. Excrementos de lobo encontrados na área gregária

Figura 5. Realização de um inquérito aos pastores

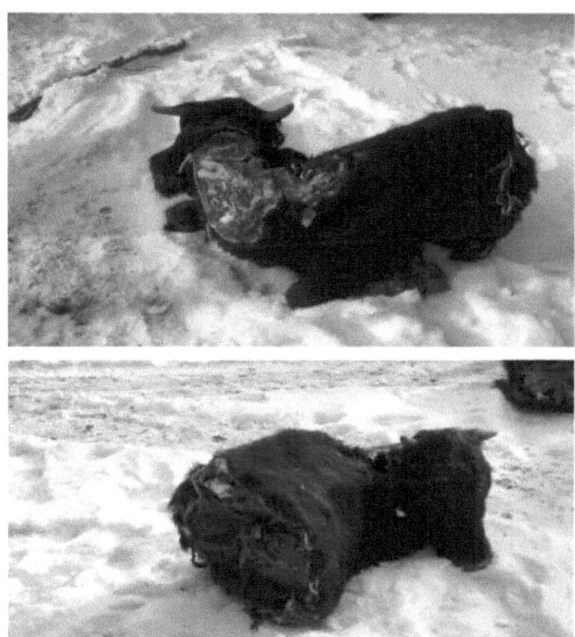

Figura 6. Animais domésticos comidos por lobos

ANKETA NO.

1. NOME COMPLETO
2. Localização do questionário
3. Local de trabalho
4. Local e hora do encontro com o lobo (ano, data, mês)
5. Número de lobos encontrados
6. Tamanho do corpo dos lobos encontrados

Grande

Médio

Raso

7. A localização do covil
8. Número de crias na toca
9. Incidentes de ataques a animais (local e hora)
10. Incidentes de ataques a pessoas (local e hora)

(A) Um lobo com raiva

11. Consequências de um ataque de lobo

(A) Restos de carcaças de bovinos (unid.)

B) ferimentos em pessoas

12. Incidentes de ataques de cães
13. Determinar o número de lobos pelo "uivo"
14. Ocorrência de rastos de lobo e rastos de atividade vital

A) traços

B) fezes

B) resíduos alimentares

15. Se as suas observações foram efectuadas durante a expedição, indique o percurso (direção), o local e a hora.

Data de conclusão :

Legenda:

CARTÃO DE REGISTO DO LOBO

Nome do local

Executores

Data Horário de funcionamento

Condições climatéricas

Percurso efectuado (km)

Ocorrência de lobos (número)

Definições de lobo por voz

Os restos de comida de lobo comidos

Arzygul Yuldashevna Kidirbayeva

Biólogo - caçador, Doutor em Filosofia em Ciências Biológicas (PhD), Professor Associado no Departamento de Ecologia e Ciência do Solo da Universidade Estatal de Berdakh Karakalpak. Autor de mais de 100 trabalhos científicos dedicados à ecologia de mamíferos predadores, problemas de proteção da natureza e ecossistemas do Priaralie Meridional.

Printed by Books on Demand GmbH, Norderstedt / Germany